青石弄是

姑苏城南的一条小巷

叶圣陶的到来

苏州杂志社的驻扎

让她有了故事

《青石弄记》把那些

吴侬软语编织的故事

带给我们

青石弄堂
散落在江南的一条小巷
小爱因的归来
苏州吴老栋的残礼
记录有了故事
《青石弄》书堆里
是继续语演绎的故事
带给我们

丛书

匠心

苏州杂志社 编

苏州大学出版社
Soochow University Press

图书在版编目（CIP）数据

匠心／苏州杂志社编. —苏州：苏州大学出版社，
2021.1

（青石弄记丛书）
ISBN 978-7-5672-3383-6

Ⅰ.①匠… Ⅱ.①苏… Ⅲ.①饮食－文化－苏州
Ⅳ.①TS971.202.533

中国版本图书馆 CIP 数据核字（2020）第 252370 号

书　　名：匠心
编　　者：苏州杂志社
责任编辑：吴　钰
出版发行：苏州大学出版社
社　　址：苏州市十梓街 1 号　邮编：215006
网　　址：http：//www.sudapress.com
印　　刷：苏州工业园区美柯乐制版印务有限责任公司
开　　本：890 mm×1 240 mm　1/32
印　　张：8
插　　页：1
字　　数：145 千
版　　次：2021 年 1 月第 1 版
印　　次：2021 年 1 月第 1 次印刷
书　　号：ISBN 978-7-5672-3383-6
定　　价：28.00 元

若有印装错误，本社负责调换
苏州大学出版社营销部　电话：0512-67481020
苏州大学出版社邮箱　sdcbs@ suda.edu.cn

目　录......

点心吴江

盛泽烧卖

华永根

在苏州点心类别中烧卖是最具个性最另类的一种点心。烧卖既不同于包子，又不同于饺子，是一种颇具特色文化的面点。有段时间，烧卖被解释为"现烧现卖"，有些地方把烧卖写成"烧麦"，这些都是有一定根据和道理的。烧卖最早出现在元代，旧书中记载："以面作皮，以肉为馅，当顶为花蕊，方言谓之稍麦。"即现今的烧卖。清代江南人编撰的《调鼎集》《清嘉录》中均有烧卖详细的记载。由此可见，在吴地烧卖是一种传统佳点。

地处吴头越尾的盛泽，有一种细巧小烧卖名闻遐迩，已有上百年历史。旧时盛泽过年时有一种习俗叫"吃烧卖，看年画"。民间婚庆宴席都有烧卖，喻为"花好月圆"。盛泽烧卖形如金橘大小，只只如花，精巧活泼，惹人喜爱。费孝通先生有次来吴江盛泽考察，品吃家乡烧卖后，称为美味佳点，赞曰："家乡美味入梦来"。

盛泽烧卖在出售时以"笼"为单位，一笼20只左右，仅售七八元。在店堂吃会配上一碗蛋皮丝骨头汤，一口一只，只只如花，细细品尝，鲜美无比，边吃边喝上一口骨头汤，其乐无穷。盛泽烧卖传统馅心采用猪夹心肉，粗切细斩做成肉酱，与冬笋、香菇末等拌匀，加入皮冻及调料制成馅。

烧卖馅心随着季节变化可做出不同品种，在苏州，苏帮点心店和各大菜馆中有糯米烧卖、翡翠烧卖、虾仁蟹粉烧卖等。过去烧卖都在立夏至立秋这一段时间内应市，行业里有一句话："立夏开花，立秋结果，讲的就是夏天到来吃烧卖，立秋之后吃汤包。"现已改为全年四季供应了。烧卖制作要求比较高，烧卖皮子制作是关键技术，面团为烫面，但随着季节变化做法不一。旧时苏州大户人家在制作烧卖皮子时加入鸡汤和面，味道鲜到家了。烧卖皮子要求底部略厚些，包馅后不会渗漏，皮子四周要擀薄（俗称荷叶边），加入馅心，捏包时中间要微微收紧，顶端如花，不封口，形似石榴状，是一件颇见功底的手工活。上笼蒸时生坯要立直，不可蒸过头，否则会变形。

苏州人吃烧卖有句俗话："宁可人等烧卖，不可烧卖等人。"道出吃烧卖的真经。人去点心店，坐下等候，点心大师们即开始制作，数十分钟后上桌，那一笼笼热气腾腾的烧卖，只形饱满，汤汁充足，顶上花边皮子晶莹剔透，只只如同工艺品，让人爱不释手。

盛泽烧卖除具备这些特点外，尤其注意制作精细，用料讲究，烧卖皮子格外软糯，馅心以鲜香取胜，尤其注意只形小巧，易上手，好入口。随着生活水平提高，人们对小吃的色、香、味的追求也在提高，烧卖小型、细巧、味美正合潮流。当你在口中细细咬嚼时，那烧卖皮子细软糯香，会凸显在舌尖上，那朵"小鲜肉"馅心随之汤汁四溢，冬笋、香菇末特有的香味使你满嘴留香。在细嚼慢咽过程中尽情享受那美食带给你的愉悦感，吃进去的是烧卖，意境上像吃进"一朵朵小鲜花"。

当今盛泽旅游餐饮服务业发展迅猛，烧卖供应尤为出色，已有十多家点心店供应特色烧卖，有百年老店，有特色名店，更有那些创业者的新型店，每家每天都要售出几十到几百笼烧卖，有的店已把分店开到盛泽四周地区去了，成为盛泽特色美食的一张名片。在餐饮业走上大众化消费道路的今天，那些接地气价廉物美有特色的面点越来越受消费者的青睐，引领着大众的饮食生活消费方式。烧卖或许不起眼，也卖不出高价，然而"小而美"却最能打动人心，勾起人们享受美食的热情，展现饮食文化丰富多元的内涵。近邻韩国，泡菜制作技艺已进入"世遗"保护项目，其产品已分销到世界各国，形成一种韩国泡菜文化，小泡菜走入了国际大市场，这种成功范例，应是我们学习的榜样。

吃震泽的早晨

荆　歌

早上五点钟就起来，驱车前往古镇震泽，去吃早点，这种劲头，其实在我这个年纪，应该是早就没有了。但是，震泽是不一样的。首先，我在那里生活工作过，那里的一切，都烙着我的青春印记。人到老了，就喜欢怀旧，就喜欢过去的东西。越远的越亲切，记得越清楚。所以，不管以何种方式去震泽，我都非常乐意。而闻鸡鸣而起，去震泽吃早点，当然很乐意。其次，我觉得震泽现在是唯一还保留着安静和雅致的江南古镇了。许许多多的古镇，已经不古，吵吵闹闹，张灯结彩，到处都是商店，游人比肩接踵。这样的地方，早已没有清静可言。而震泽不是。震泽的古老街道上，安安静静地走走，心里有难言的愉快和美好。

有一种说法，我觉得靠谱，那就是，你小时候吃惯了什么食物，长大之后，也就会特别喜欢吃。这是有道理的。人用来消化食物的酶，在幼儿期，它是针对特定的食物而分泌的。长大之后，吃一些别的食物，身体里本来活跃的那些酶，就会不适应。清早赶到震泽，一路吃，吃了好几家店，那叫一个爽！泡泡馄饨、生煎、锅贴、麻球、千张，吃得一整天都不必再吃东西了。这样吃对身体是不负责任的，但是，对心灵，却是极大的抚慰和满足。

在一家小店里，吃到了极美味的泡泡馄饨。它们漂在清汤里，好像一盏盏小灯笼。皮子薄得看得见里面的一星鲜肉。而汤，清而鲜美，上面漂着艳绿的葱花。忍不住在这家店掏出手机狂拍，拍食物，也拍店招，还拍人。那个似乎是老板娘的女人，虽然有了一点年纪，但依然是漂亮的。可以想见，她年轻时，一定是个绝色美人。没想到的是，离开那家店之后，又到"四碗茶"楼上吃皮松肉糯的大麻球的时候，有人告诉我，刚才那家泡泡馄饨店的老板娘，竟是我当年的学生。"那她为什么看到我拍她，竟然没有任何反应呢？老师认不出学生了很正常，但学生应该认得老师的呀！"他们说，你拍的，穿白衣裳的那个，并不是老板娘，而是老板娘陶莉梅的妹妹。陶莉梅当时穿的是黑衣裳，正在厨房里忙。她并不知道她以前的荆老师以食客的身份光临，所以很后悔，托人传话来，让我回过去，她要专门请我吃一碗。可是，我已经再也吃不下任何东西了。只能改天，再起个早，过去吃吧。

反正，震泽就是要常常去的。只是，非常担心，她在不久的将来，也会变成另一个周庄、西塘和乌镇什么的。

馓子、麻团、面衣饼及其他

常　新

点心是什么？那是街上人逢年过节走亲访友手里拎着的花花绿绿的纸盒子。在很长的时间里，在还不知道"点心"俩字怎么写的小时候，点心对于我来说近乎现在的奢侈品。要我的人品积分达到一定的时候，大人才会打开家里同样也是花花绿绿的铁盒子，赏我点糖果饼干什么的点心吃吃。我就不知道，那种干乎乎冷冰冰甜腻腻的东西怎么对童年的我有如此大的吸引力，貌似天堂的美味也不过就如此吧。

热乎乎的糕团自然更加吸引人，以至于能把我从凌晨的热被窝中拽出来。临近过年的菜市场总是热闹的，隔夜妈妈看着一版版剪得犬牙交错支离破碎体无完肤的俗称"香烟券"的

"备用券"发呆，计算着明天买肉买鱼买黄豆芽买油豆腐需要排几个队。她对我说："弟弟，明天跟妈去买菜，给你买糕吃。"欣喜的我，在睡梦中就能闻到糕团的甜香，但是第二天在好睡时被叫醒实在无比痛苦，为了那梦中的美味，跟随妈妈走出家门走进寒冷的漆黑中。

才五点的菜场已经人声鼎沸，我被指派去排一个队，妈妈则去另外的摊头，买好她排队的东西后会赶紧过来站在我的位置上，我最怕我已经排到头了而她还没到，那时我会让排在我后面的人先买。如此的排队我至少还要重复一次。当妈妈的几个篮子都满的时候，我们就到菜场边的糕团店，我可以挑着买一块黄松糕或者一个粢毛团，当然最喜欢的还是甜猪油糕。

我对糕团的热爱使我对黄天源有着圣地般的膜拜。我初当记者跑政法条线时，遇上了"黄天源"的商标官司。这个驰名海内外的著名商标居然被上海一家小店抢注了，黄天源的当家人们比如陈锡荣非常愤怒，当然我也跟着很愤怒。新闻报道讲究客观公正，我的报道怎么也客观不起来，我要让苏州人都来保卫黄天源，犹如护卫自己的亲人。最后的结果很完美，亲人留在了我们身边。

比起早晨的糕团，下午的点心来得就很悠闲，一般和吱吱作响、金黄、喷香等可爱的词汇相联系。那时候，早上卖大饼油条的摊点，下午一般会在同一个油锅和烘炉里做另外的点心，油锅里炸的或者是馓子或者是麻团或者是面衣饼，烘炉里烘焙的是蟹壳黄、老虎脚爪。老板娘不紧不慢地和面，老板从容不迫地拿着长筷子在滚烫的油里将逐渐变得焦黄的馓子、麻团捡起，夹在边上的"铁丝篮"里沥油。别说吃了，就是排在队伍里看着，都能幸福得流口水。

比较奇怪的是，如今下午的金黄喷香的点心看不大见，我们报纸曾发起在苏城寻找馓子的行动，那是比两面黄更加纯粹的"油煎面条"。小时候我生病的时候，奶奶把馓子浸泡在开水里，作为我的松软可口的病号饭，她老人家对食物处理的奇思妙想，我佩服至今。今年十一长假过后的一天清晨，我在震泽宝塔老街街口的四碗茶楼门口，看到了油炸麻团的摊头，一下子觉得古镇的温暖可亲。麻团很大，和铅球差不多大，里面是空心的，馅有甜的和咸的两种，甜的馅是豆沙，咸的是肉馅，我各来一个，顿时满口的满足。

前两天傍晚，我大姐打电话叫我不要走开，说她马上来。我到报社门口等她，她骑着电瓶车来了，给了我一个面衣饼，"里面加了个鸡蛋，赶快趁热吃！"我大姐偶然在北园新村一小摊头发现久违的面衣饼，于是想到了我。我回到办公室，咬着这个大大的中间带洞洞的外脆里韧的油饼，想到了很多遥远的下午——姐姐小心地撕开油饼，将明显大的那一半递给我。

在震泽吃陶记小馄饨

汤海山

听说震泽的小馄饨好吃，以前不知道，估计此行可以吃着，欣然起了个难难得得的大早。

家乡的早点，最爱小馄饨，其次油条。以前还有猪油光面，因为极难吃到，久而久之已不牵记。馄饨有大小之分，我独吃小馄饨，如不厌弃的老情人。最近十来年，从上海每返苏州、吴江，便串巷走弄寻小馄饨店。以前到观前街，必先吃绿杨小馄饨，再从容逛书店。绿杨店移址后，吃一次差一次，每况愈下。后来衍生一批绿杨连锁店，散布各处，已经风味全失。吴江城里，原来也有几家卖小馄饨的面食店，我只吃盛家厍江边的一家，坐小轮船到码头，上岸照例吃过小馄饨进城。每碗一角钱，有时吃两碗。或返程时再吃一碗。轮船时代之后，此店不知去向。似乎踏破铁鞋，也难在城里觅到中意的小馄饨了。便往同里、黎里、盛泽等老镇，到处寻问。大概小馄饨太土，又太便宜，店家不屑为之。我常对店家讲，倘有小馄饨，我愿出大馄饨的价，好吃的话，甚至可以更贵。不知道为什么让小馄饨弄得失魂落魄。是寻以前的味道，还是以前的习惯？还是以前的自己？

生活如鸟儿在天上飞，曾经的生活方式仍然是一只鸟巢，在很久以前的树上。偶尔飞回去栖息。

一次，到震泽姑妈家，心血来潮，租车赶往十几公里外的南浔老街，入住张石铭故居河对岸的琢玉阁。翌日早起，沿街寻见老石桥边的胡记面店，有小馄饨，一吃倾心，是记忆里的老味道。我对店里的老婆婆说：十多年了，总算找到喜欢的老馄饨。过了一个月，念来又往，特地趁周末从上海过去吃小馄饨。

因此，到震泽去，对我的诱惑，是可想而知的。但是，兵想兄接我早了点，来到震泽大桥头，一有吃的念头肚皮就饿，与兵想合计，找家小馄饨店先吃吃看。问了几人，说小桥头有家卖小馄饨。那是一个闹市小摊头，馄饨不怎么样，油条倒是好吃。吃完两根油条，再吃小馄饨。

大家集合后，我们去的第一家餐饮店就是"陶记馄饨"。戏说到了文瑜家开的馄饨店。尽管已经吃饱油条，仍然点了一碗小馄饨、半碗大馄饨。我问：有没有胡椒粉？回应有，便知道到了内行开的店。和吃芥末一样，我吃胡椒粉，比常人多一倍。平时不吃，吃馄饨必加胡椒粉。一碗端上来，只见汤水清爽，就生好感。再看馄饨，皮薄微泡肉馅少，确实是懂小馄饨的人做的。筷头上的肉末添得越吝啬，馄饨越好吃。先尝一只，略淡，但不是老味道，欠缺在汤非鸡汤。味道比一般好，逊于南浔胡记小馄饨，做工优胜，约略对得起陶氏。

陶记馄饨店主，是一对中年姐妹。荆兄吃到一半，摸出手机拍照，说账台后面站的老板娘，看上去很舒服。后来，浩锋说姐妹中的姐姐，也是荆老师从前的学生。但彼此已不认识，我们也弄不清那个是姐姐还是妹妹。陶记与陶文瑜的陶不搭界，和荆歌倒是扯上了关系。更有理由希望陶记小馄饨做出老底子的风味。

秋天很短暂　这一碗面不可辜负

尼　楠

寒露过后便是秋意浓，乍暖还寒的时候，吃上一碗热气腾腾的羊肉面，暖意顿由丹田起，可以直击寒气。有一朋友周君，某日在朋友圈感叹，秋天对于她来说，就是螃蟹与羊肉面，真是深合我意。

话说秋冬的七都与庙港，正是大啖太湖蟹的时节，环湖路上车来车往，俱是慕名而来的食客。这里按下太湖蟹不表，我们说面。七都不以面食见长，但也不乏羊肉面做得好的面食店。这些店基本可以分成两派，一类是七都本帮面店，一类是外来的面店。不同的门派一起做羊肉面，没有高下，只有各自精彩。

在原七都中学的南门对面，有一家王记饭店。说是饭店，其实也做面食，一战成名的是他家的羊肉面。在很多老七都人的心里，任多少面店来来去去，秋风一起，便要惦记起王记的羊肉面。一家店一碗面，吃了很多年，就会习惯成自然——王记羊肉面上市，秋天便到了。王记的羊肉面是一路到底的浓油赤酱，有甜有咸有一点点辣，这么复杂的口味，有些五湖四海的意思。羊肉与面在分量上几乎平分秋色，羊肉并不追求入口即化，留有三分余地，仿佛一个人，处世圆融却仍见风骨。

从王记面店出门右转，是望湖路。一条路，直抵太湖边。望湖路上开了家新市朱记羊肉店，做的是红汤羊肉，汤稠味浓，但相比王记，口味还是要相对淡些。不过他家胜在品种多，看店名，新市朱记羊肉店，顾名思义，是做羊肉的专业店家。当然，羊肉肯定是招牌，此外，羊肚面小奢侈，也值得一试。

本帮面店里面，还有一家店不得不提，便是庙港的水龙面馆。这家店以一碗鹅肉面江湖扬名，许多外地食客慕名驱车而来，只为一领其味。但是作为一家有年头的老面店，他们家这个季节的羊肉面也绝对拿得出手。整块的羊肉用稻草扎好，置大铁锅内焖煮到酥烂，却仍丝缕分明。上桌前撒一把青葱，肉赤面白葱绿，一碗的赏心悦目。端到面前，仍清清爽爽，肉、面、汤虽是一体，却又泾渭分明，这里面火候的把握，功底可见。面店在庙港一小街巷内，店里使的是传统八仙桌，专营面食。

有一段时间，七都开了数家藏书羊肉店，做白汤羊肉。到底本地人接受程度有限，终于被接连开出的新市红汤羊肉替代。其实藏书羊肉汤润肉嫩，别有风味，吃面外，可另点羊汤。寒风中进店，吃面喝汤，又怎一个鲜字了得。

苏州这一带的人，从城市到乡镇，吃食历来讲究时令，什么时候吃什么食物，关乎的不只是口腹之欲。这种讲究，具有某种仪式感，是对生活的尊重，同时是生活的乐趣，是形而上的。人在什么时候会追求形而上？多半是物质富裕到一定程度。所以说，苏州好地方。

盛泽盘龙糕

周　耗

吴江的小吃品种众多，每个乡镇都有特色小吃，本地媒体曾经搞过一个"舌尖上的吴江之特色小吃"评选，可谓琳琅满目，看了让人垂涎。今年金秋在东太湖生态公园里搞的小吃美食节，又让大家尝到了许多久违的美食。"民以食为天"，小吃一代代流传下来并发扬光大，离不开人民群众的智慧。

今天我来说说盛泽的盘龙糕。绸都盛泽，明清以降，一直是江南最重要的丝绸之都，全国各地的客商云集于此，形成了繁盛的丝市，盛泽的小吃美食也就有了广阔的市场。说到盛泽的小吃名点，盘龙糕最为有名。

十多年前，我在电视台当记者的时候，曾经去采访拍摄过盛泽的盘龙糕"出笼"，深感于用料的精致、制作的考究。盘龙糕亦名蟠龙糕，传统式样为圆形三圈，状如蟠龙。盘龙糕的基本原料为米粉，由优质粳米粉和糯米粉按一定比例掺和在一起制作。传统盘龙糕，直径八寸，厚约一寸，内外三圈，分别在蒸架内用细竹片圆箍隔开，成为三个同心圆，然后撒米粉撸平。传统制作三圈有别，以内圈最为考究，重糖（浆）、重油（猪油粒）、重馅（豆沙馅），外加胡（核）桃肉、桂圆肉、瓜子肉和红瓜丝、绿瓜丝，五彩缤纷，琳琅满目。外圈只撒薄薄一层糖浆，味较淡且无任何添加物。中圈则介于内外两圈之间，口味适中。传统盘龙糕味道甜美，是中华饮食文化和盛泽地方传统文化的完美结合，是盛泽诸多精美糕点中的上品，是盛泽独创的名点——这一点已毋庸置疑。

盘龙糕的出现始于清朝时期，最早源于金顺记，其盘龙糕已有三百多年历史。盘龙糕成为盛泽最为著名的糕点与盛泽的丝市昌盛、商贾云集分不开。随着盛泽丝绸贸易的繁荣，绸庄老板为联络客商，把盘龙糕作为礼品相赠与人，因其制作精良、用料考究、色香味俱全而深受市民的喜爱，并在众多的小吃中脱颖而出。吴江曾经有二十三个乡镇，许多小吃糕点如油墩、小馄饨、生煎包、烧卖等多个乡镇都有，但盘龙糕是盛泽的"专利"，因此如果每个镇要评一张"小吃名片"，盘龙糕当之无愧就是盛泽的代表。

世事变迁，生活条件改善，物产也更丰富了，盘龙糕因制作工艺繁复、用料重糖重油，在新的时代里不再被大众拥趸而渐渐成为一代人的记忆。盘龙糕是盛泽的一张老照片，也是盛泽的一项"非物质文化遗产"，值得我们怀念。

邂逅震泽

胡兵想

南方人擅制点心，品类繁多，小巧精致。北方人虽然也喜欢点心，但不会在点心上下功夫，街头巷尾并不多见。而在南方，随便一个早点推车上，都会有十几样点心供你挑选。热腾腾，香喷喷，既实惠又方便，十分讨人喜欢。玫瑰糕、水晶糕、桂花糕、蟹粉汤包、奶香流沙包……别说江南人制作的点心有多美，听听这些名字就能让你陶醉。玫瑰糕浪漫醉人、水晶糕晶莹剔透，又甜又糯的小吃店遍布震泽古镇的市河两岸。

不知是我们和美食有缘分，还是邀请方的良苦用心，美食采风的第一站竟然是陶记馄饨店，让陶老师有一种回家的感觉。后来发现店主老板娘还是荆歌老师当年的学生，虽然老师和学生擦肩而过，但是，生活就是如此奇妙，往往为了直奔主题，忽略了过程的美好。这一波三折的美食之旅十分耐人寻味，使我终生难忘。还有那一碗碗小馄饨，前一段时间在微信朋友圈里呼声很高的泡泡小馄饨，今天得以在震泽相见。小馄饨是江南人家最常见的点心，几乎透明的皮子薄如纱羽，中间透出点点粉红色的肉馅，盛在家常的白瓷汤碗里，清澈的汤面上撒一些碧绿生青的蒜叶葱花，再添上少许虾皮和紫菜，汤鲜味美，让人意犹未尽。震泽古镇的味道也就在这一碗小馄饨里首先向我们表白了。

我们一行为了表达对震泽点心的厚爱，陶老师提议中午吃羊肉面。太湖古称震泽，震泽和太湖的渊源真可谓"剪不断，理还乱"。文献上就有两条文脉可以佐证，大禹治水，范蠡泛舟，是和太湖紧紧有关的，他们都在震泽古镇留下了足迹。震泽和太湖的关系可以说是你中有我，我中有你。所以说，震泽是名副其实的水乡泽国，这里水草丰沛，牛羊遍地。因而震泽羊肉是以湖羊为原料，湖羊肉比山羊肉鲜嫩，传统以红烧见长。如今震泽烧羊肉的高手不乏其人，杨兴隆和张福良两人可算厨中翘楚。他俩烧出的羊肉肥而不腻，鲜而不臊，酥烂软糯，回味无穷。

从面馆里出来，我们行走在市河岸边的老街上，闻名遐迩的风味小吃黑豆腐干"郑鼎丰"的招牌依旧还在，只是往昔河边一长溜晾着半成品黑豆腐干的竹匾不知去向，店堂也比过去高大了许多。再也无法看到郑家后裔制作黑豆腐干的过程。告别了"郑鼎丰"，我们漫步来到宝塔街，悠闲地登上了"四碗茶"楼。不多一会儿，服务小姐端上了一杯杯震泽特有的熏豆茶，送到我们面前，品着香气四溢、回味隽永的熏豆茶，听着从窗外飘来的苏州评弹，袅袅吴音不绝于耳。我慢慢踱步来到临河的窗口，眼望着市河里的清波柔柔地往东而去，此时一杯香茗在手，顷刻会让你感觉这人间时光清浅，岁月静好。

震泽小吃

蒋　洪

一个震泽 60 后，生活安逸后乡愁日盛，四年前动念执笔"怀念震泽的点心"，三角大饼、多肉馒头、油条、油绳、薄荷糕、咸糕、粢毛团、水糕、定胜糕、夹团、糍饭糕、油酥饺、小馄饨、黄团子、青团子、白团子以及菜落塌扁圆子等引起广泛共鸣，结尾一句："震泽，何时再现满街美味点心呢?"无奈、无意和无形中将了震泽当家人一军。

在江南，吃早饭称"吃早点"，吃中饭称"吃点心"，晚饭即夜饭，没有夜点说法。其他时段所吃之物统称"小点心"，以随意不经心掩盖特意精心，不让受请人有心理负担。如请匠人做家具或盖房子，东家一定会在上午九点或下午三点左右买回"小点心"，请匠人师傅垫垫饥。宋·吴曾《能改斋漫录》"点心"项："世俗例，以早晨小食为点心。"清·袁枚《随园食单》："梁昭明以点心为小食，郑傪嫂劝叔且点心，由来旧矣。"饮食学界大咖高成鸢老先生认为，吃饭需要下饭的菜羹，而点心或小吃则不必。至此，我可以理直气壮地说：一切有浇头的面均算不得小吃！至于大馄饨、馒头、包子以及工业化生产的食品，实在家族庞大，不敢将之列入吴江风味小吃。

小吃承载着一地的饮食文化和风俗习惯，是古镇有多古的活化石，已经获得中国太湖农家菜美食之乡荣誉多年的震泽，为了休闲美食，宝塔街栽花插柳，腾笼换鸟，已然"小荷才露尖尖角，早有蜻蜓立上头"。在艰难的取舍中，大麻饼、海棠糕、黑豆腐干、苏式汤包、苏式月饼、小馄饨、熏豆茶和油酥饺等终于登榜成为震泽八大小吃。黑豆腐干为震泽独有，本属茶干，可切丝拌香油作为佐酒小菜，亦可作为辅料炒香芹炒肉丝；熏豆茶是太湖南岸地区特有的"吃茶"，茶料标配有熏青豆、胡萝卜干、白芝麻、绿茶叶；我喜欢焦糖面上露出一二粒晶莹透亮糖猪油的海棠糕，喜欢配蛋皮汤的汤包，喜欢椒盐味的苏式月饼，鲜肉或豆沙的油酥饺趁热吃最好，大麻饼有玫瑰猪油豆沙、黑芝麻椒盐、百果、松仁枣泥等多种馅料，饼大需要分享。

一方水土养育一方人，了解震泽人从小吃开始，体验美味固然重要，但要当心被"死前必吃的美食"忽悠，从原汁原味的小吃中体会一地居民的情怀，找回记忆中的感觉，拨动心灵之弦才真正有格调。

震泽古镇在遵循民意和顺应规律之为与不为的交织中，古朴、恬静、舒适、自在，心向往之。

泡泡小馄饨

吉　也

我这个外乡人到苏州以来，就爱上了本地馄饨和浇头面。尤其是在清晨的时候，特别偏爱一碗小馄饨。

于是，跟我的饕客约了一个大清早的"饭局"。约饭这个事，往往是约人。跟能吃到一起又靠谱懂吃的人一起寻寻觅觅，才是美味的正道吧。

可巧，这家馄饨店名叫陶记。还没开吃，陶老师已经眉开眼笑了，"味道不会差的"。

馄饨这种面食，算得上各地早餐的标配。苏北老家的早上，热气腾腾的早餐店里，一溜敞口大碗，老板娘们麻利地撒着盐、味精、香油，调味料在碗底，淋上热汤冲开，再一漏勺把小馄饨全部装进去，最后依据个人口味，放些切碎的榨菜丝、紫菜、葱花。得趁热赶紧囫囵吞下，动作一慢，就糊了。家乡的小馄饨肉馅不多，顶多就在筷子尖上蘸点肉泥放在馄饨皮里，整碗吃下来，似乎是以面皮为主。

对比之下，让我很快就爱上陶记的泡泡小馄饨，汤底吃到后面还是清清亮亮，有滋有味。更完美的是，颗颗泡泡馄饨挤在汤里，面皮饱满又薄如蝉翼，一眼看透其中粉红的肉馅。不知怎的，就想到云门舞集的舞者们，那飘逸着东方禅意的透视装下，一个个性感有力的身体，惹人心动。

点心还在

陶文瑜

我妈妈称一日三餐的吃喝是死粥死饭。劳动人民家庭的日子清贫，填饱肚子就是日常生活，点心和我们几乎难得陌路相逢。1976年唐山大地震之后，说是苏州也保不定要地震，好多人家搭了防震棚，我妈妈摊了面衣饼，再有苏打饼干和鸡蛋糕放在棚子里，似乎安慰了许多。这时候正好放暑假，我们就钻在防震棚里下军棋，也没有几天，这些点心就被我们打发了。

我妈妈是中午回家发现这个事的，一怒之下罚我和我弟弟不许吃午饭，还要立壁角，就是靠墙壁站着。妈妈走开之后，我弟弟从口袋里掏出半块桃酥，分了一半给我。桃酥是邻居家防震棚里的，邻居在一家工厂当干部，家庭条件比我们好一些。

我弟弟去世的那个晚上，我想起过这些陈年旧事，现在要不是为了文章，谁愿意上了年纪再忍受难过啊。

这一回去震泽点心笔会是我想出来的，其实点心只是文章的虚晃一枪，我的本意是想通过依旧还在的滋味，想起些恍惚的从前来。一起去的荆老师青少年时代曾经在震泽干了一阵子中学教师，没有想到的是，我们去的一家馄饨店，老板娘就是荆老师当年的学生。

好多年前，我曾经听荆老师说起过，当年在震泽教书的时候，还跑到南浔去买了电影票追女孩子，一个乡镇青年教师，在教书育人的白天之后，踩着单车赶上好几十里路，守在电影院的路灯下，多么美丽的时光啊。

荆老师赶往南浔的夜晚，我只是在台灯下读读书瞎想想，之后有了突发奇想或者异想天开，我就去当诗人了，而有了丰富生活打底的荆老师，就自然而然地成了一名优秀的小说家。

震泽镇上的麻团可谓一绝，式样饱满而温顺，尝在嘴里的滋味也不一般，是彻底的糯，是拼尽最后一点力气的柔；这是我心目中的知己美食。做麻团的师傅身怀绝技似的笑傲江湖，麻团店的老板，一年要付他十七万元工资。这几乎是我早出晚归两年的收成了。做麻团学好了手艺就是一劳永逸地重复，写文章还要一天到晚地挖空心思，但我还是欢喜现在的人生，写写画画，苦了累了，跑到震泽歇歇脚，尝尝麻团，这样的日子，我很知足。

老镇源

老镇源吃食记

华永根

悠远的岁月，深厚的文化积淀，吴江为我们保留了一家老镇源菜馆。相传清代老镇源开在盛泽老街上，是一家喻户晓的名店。吴江友人告诉我该店现移建到东太湖七都镇了。七都镇位于太湖南岸，东太湖之滨，有七十二港、三十六溇港之说，区域优势明显。那里有丰富食材，品种繁多的野生湖鲜、应季果蔬取之不尽。老镇源充分利用这些独特食材优势，按照传统烹饪方法，注入时尚饮食理念烹煮出各种令人难忘的佳肴，使食客远悦近来、不亦乐乎。

那日与多位食友一同前往品吃，头道冷菜即白斩鸡，传统的白斩鸡蘸着虾子酱油吃，那瓶采用太湖青虾虾子与上等抽油加入多种调料熬煮成的虾子酱油已风靡苏沪两地，鸡嫩味鲜，鸡肉里汁液伴随着鸡肉纤维在虾子酱油作用下徐徐下肚，鲜美极致。真吃得舒坦，有齿颊留香之感。

令人感叹不已的是，那"葱烤酥鲫鱼"真是做到家了。该店采用太湖野生鲫鱼先煎后焖烧，鱼身上下覆盖大量小葱。那鱼味，鱼肉在大量整条葱的作用下香飘十里，鱼骨酥软、鱼肉透香，鲜味十足。古籍食谱曾记葱烤鲫鱼做法，为江南名馔。鲫鱼在长时间焖烧后整条鱼连鱼骨都能吃下肚。酥鲫鱼作为冷盆菜出现是最佳的。老镇源酥鲫鱼的做法虽然师法古谱，但又加入多种调味，适时按序投放，一丝不苟。出品酥鲫鱼不求数量，只求质量，售完即停。令人感动的是，该店自己种植小葱，要知道一盆不起眼的酥鲫鱼，光用葱要 4 斤，如此用量，又没有替代品，一家饭店为了正宗菜品，去种小葱，这是何等敬业？也是对菜品的尊重。难怪江、浙、沪美食大咖纷纷开车前去品吃了。

在桌上冷菜堆里还藏着一盆香豆腐干与一小盆盐花生。食时即想起苏州人金圣叹说的，"香干与花生同食能品出火腿味来"，似乎确有此味，而越想越觉那火腿味浓了。

那天吃到的菜也真多，有时真感到嘴巴来不及了。油光闪亮的冰糖老烧河鳗上桌给我一大惊喜。冰糖河鳗为该店的看家菜，师出名门，传承着几代厨师的技法。以太湖野生河鳗为主料，加入蒜头等辅料调料，集烧焖等烹调手法。野生河鳗身价名贵，被称为水中软黄金，营养价值极高。日本人捧河鳗为营养名品而喜食之。老苏州人吃河鳗都先看颜色，看鱼皮不能烧破，而鱼肉则要洁白，然后再下箸。老镇源那盆河鳗，色泽枣红略带棕黄那是典型传统色彩，闪着油光的鳗段静卧在汁液里，此时视觉里的河鳗如同昆曲里走出的人物，光彩夺目。我吃上一段，入口一闪间，软滑鳗皮与舌尖邂逅顿感切肤之嫩滑，咬嚼中鱼肉粉糯，鲜美肥腴突出。鱼肉最里面与骨相连处是佳味所在的核心区位，懂吃者上下牙齿咬合鱼肉与骨相连处使其汁液绽出，那一时刻的美味不用味蕾品出已直到心底。此款冰糖河鳗还吃出了老苏帮菜的韵味，像教科书上说的苏帮菜的口味特点，"甜出头，咸收口"。此菜甜味来自冰糖，比平时使用的白糖上了一个等级。信不信由你，该店烧煮冰糖河鳗用的冰糖还是一种旧存的老冰糖，有一种说不出的甜美，犹如男女十指相扣之感。我一直认为苏州的菜就该这样，该甜的菜一定得甜，该不甜的菜一点一丝都不能甜。

　　吃食中的美味总是久久难忘的，我能记住的还有清蒸白鱼，太湖野生白鱼，略微腌渍后清蒸，肉细美味，丝丝入扣，撩动味蕾；清蒸太湖梅鲚鱼，天然丽质，鲜到家了；大头菜丝炒银鱼干，香鲜劲十足，农家风味，诱人的美味。这些菜肴在老镇源都有自己的位子，说白了都上了老镇源的名菜谱了。

在那次聚吃回家的车上，我问同来的那些食客，今晚哪样菜最好吃，话音刚落，一文艺青年即高声喊出："火腿冬瓜。最好吃令人难忘。"说真的那块冬瓜确实味不同、形上品，大厨用足功夫，冬瓜本无味，与高汤火腿同熬煮四小时，浸润在鲜汤的雾蒙里，既有入口而化的口感，又有火腿的郁香，汤口清爽鲜绵，摸准了你的胃，抓住了你吃食的那根筋脉，真如清袁才子所说，做菜是"把好的食材味道做出来，没有味的食材把美味做进去"。那块冬瓜硬是把美味做了进去，才使食客满意而归。

七都老镇源记

范小青

中秋节后的一天，雨过天晴，气候宜人，十分舒适惬意，三五朋友相约来到七都的一个地方，似乎不是在七都的老镇街巷，也不是在七都的繁华新区，好像是在乡间，蛮僻静的一块地方，有一座粉墙黛瓦翘檐的典型的二层中式建筑。

虽然是一座新的建筑，却有一些年代感，有一些历史感，让人觉得，好像是早就认得，甚至是很熟悉的。其实我是头一次来这里。

这是一个饭店。借问酒家何处有，现在它就在我们面前，我们就是冲着它来的。所以下车后就直接踏进了大门，还没来得及对它的周边环境多瞄上一两眼，只是感觉它的四周都是绿色，如果用坐拥绿荫来形容，应该是不会错的。

这个饭店是个百年老店，叫老镇源，坦白地说，我孤陋寡闻，以前没有听说过这个名字，这是头一回与它相会。

头一回有头一回的好处，新鲜，可以到处打探，四方张望，进门的大堂，养着水产，都出自太湖，一一仔细看过来，真是水清蟹肥鱼虾壮，橱柜里则是自制的七都特色小品，萝卜头、黄豆酱、熏豆茶之类。

上楼，到那个厅室，就是我们要进去的地方，门窗是中式的，家具茶具是中式的，墙上有书画作品，一切的摆布，一切的装饰，都透露出旧式的清新淡雅，不太像餐厅，倒像个画室，或者是一个文人的书房。

窗打开着，清风拂面。风，似乎是有味道的，甘甜的，风，又似乎是有色彩的，蓝色？绿色？总之很养眼。来不及想一想哪里来的风才会如此醉人，醉人的老镇源冷盘热炒就已摆上桌了。

于是，大家专注的心思，大家兴奋的神情，都集中在老镇源的特色菜肴上了。

一小盏清蒸冬瓜，就那么一小块冬瓜，说老汤要熬四个小时，何等的功夫？何等的用心？

冰糖鳗鱼，把鲜味和甜味杂糅起来，不仅征服了人的味蕾，更是深深地渗入心坎之中了。

糕点的香糯，白斩鸡的鲜嫩，不说了，说下去馋涎就要滴出来了。

其实，细细想一想，好像也说不出更多的新鲜花样，七都的这个"老镇源"和其他苏式的老字号饭店相比，似乎也没有什么特别的特别之处，但是，内心，总是感觉它的气息不太一样，感觉着它的味道是蛮特殊的。

后来我忽然明白了，这大概就是太湖的气味，大概就是七都的气息。

老镇源离太湖很近，近到只有二百米。在二百米的那里，有着长达二十多公里的太湖岸线，那里就是大家熟知的东太湖，只可惜了，我们光顾了吃，连朝太湖张望一眼的闲暇都没有留出来。

其实，望见或望不见，太湖都在这里，都在我们的日常生活中，太湖是自然的湖，更是我们心中的一片清澈的灵魂之水。

所以其实我们和太湖是没有距离的，湖上的风吹过来了，吹拂着我们被城市的雾霾污蚀了的心灵；湖里的水产在我们桌上，荡涤着平时被农药化肥欺负过的肠胃，我们到七都来，到老镇源来，吃的是美味和营养，享受的是精神的抚慰和洗礼。

太湖的气味，是清新的，七都的气息，是宁静的，偷得浮生半日，这个闲，其实并不太容易体会，如果真想闲一闲的话，到七都去走一走，到老镇源吃一两道菜，你会感受到这个字的滋味。

七　都

陶文瑜

七都之一。酥鲫鱼这个名字，我是听杨好婆说的，杨好婆是小脚老太，操一口外地口音，据说她是地主家的女儿或者是地主婆，杨好婆说，鲫鱼放麻油慢慢煨。还有什么我记不得了，居委会主任阿姨说，吃个鲫鱼还有这么多花头，剥削阶级多么腐化啊。那年我十岁。

酥鲫鱼是七都老镇源饭店的一道菜，鲫鱼要在麻油中文火煨四五个小时，这么长的时间，就是功夫，功夫是油盐酱醋之外的滋味，比如我，想起了无聊的童年。

七都之二。俗话说靠水吃水，七都是东太湖的岸边，东太湖里生长的鱼腥虾蟹生机勃勃，其他地方的生活，吃着这样的鱼腥虾蟹，是逢年过节，七都是家常便饭。前几年我还随船去到湖深处的养蟹人家，那是造在湖上的一间一间木房子，我在木房子里吃的午饭，也没有什么菜，就一面盆太湖蟹。

七都之三。论辈分说，老镇源的老板姜晓波是我师侄，晓波和作为师叔的我共同爱好书法，不同之处是我擅长吃喝而晓波钻研烹饪，太湖里的虾兵蟹将几乎就是在他饭店服役的士兵了，而他一身灶台上的本事，令太湖锦上添花。

七都之四。有一年，《舌尖上的中国》提出来要拍摄苏州的糖桂花，另外一个乡镇上的做法是桂花放在糖浆中腌泡，似乎糖成了其中的主角，是我提出来，请他们去七都看看，我以为七都腌制的桂花，更加秋天。

七都之五。现在庙港社区的江村，就是费孝通社会调查时的开弦弓村。费孝通是社会学家，但是《江村调查》我还没学习过，在我心目中费孝通就是个书法家，是个文人。我第一次去七都的时候，当地的朋友说这里有南怀瑾的太湖讲堂，我说我还是去江村看看得了，对我来说费孝通是熟人。

七都之六。第一次去七都是苏州诗歌学会的活动，当时我还是一名诗人呢。我们在镇边上的一幢宾馆里住了三四天。当时在文联实习的一个女孩子约我晚上去湖边走走，我就去了，也没有什么话要说，绕了一小圈子，女孩说我们回去吧，我们就回宾馆了。我是个多么没趣的人啊。

七都之七。前几天再去七都，无来由地忆起旧事，就想再去当年住过的宾馆看看，最后也没有找到，也可能寻错地方了，也可能我记错了。湖边上新造了许多房子，我第一次去的时候，七都的房价是每平方米一千元出头，现在要一万元以上了。

老姜师傅

美馔的呼唤

华永根

苏州杂志社的文瑜兄约请我去他社里吃顿晚饭，应该说吃顿饭不算什么，但这次吃饭我激动不已，苏州杂志社，地处城南一条小巷内，在那里走出一位著名作家美食家陆文夫先生，他常年在那里办公，撰写出《美食家》《小贩世家》等多部著名作品，直至现在还影响着一代又一代的苏州人。文瑜兄告诉我晚饭烹者为陆文夫先生之婿姜浩先生，他虽不是专业厨师，但尤爱烹饪，家常菜做得一流。陆文夫先生在世时常吃他做的菜点，时不时还表扬他"菜烧得好"。也就是说这次吃请烧制的均是姜浩先生定制的陆氏私房"家常菜"。当前社会，约请吃饭是件麻烦的事，吃饭得告知人家"今天吃什么菜""在哪地方吃""与哪些人一起吃"，最后才能让人决定是否赴约，今文瑜兄的请吃这些都对我的路子，吃陆文夫家中"家常菜"，晚宴设在青石弄小巷深处，具有浓郁文化气息的叶圣陶故居内，来的人有书画家、作家、学者、资深媒体人等，这些聚吃条件能让人不激动吗！

那日宴请客人落座后即人手一份红枣鸡头米百合汤，刚上市的鸡头米飘出一股清香，几瓣洁白的百合清爽诱人，枣红色汤里放入老法的红糖暖人心胃，两粒红枣散发着扑鼻的枣香，丝丝甜味入口真叫人吃了欲罢不能，在座的有人戏称：吃了"宫暖"。

前菜有十样，排列有序放在桌上，上面有我最喜欢吃的盐水籽虾、糟味仔鹅、五香牛肉等。使我意想不到的还有一款燻味黄鱼，一块块蒜瓣肉，味道鲜美，咸中带着黄鱼肉的清香，淡淡的燻香味让人食欲大开。另有一盆南瓜玉米，据说是陆文夫先生生前最爱，烹调简单，但在食材选择上极为重要，此品为陆先生女婿特地从无锡农村带来的，蒸熟即吃，那南瓜玉米散发阵阵热气，像是送来的农家田园清风。我吃过许多此类农家乐，但今天食之却感到不一样，南瓜酥烂粉嫩，回味甜津津的，玉米的糯感又高一层次，而且在咀嚼中还有果汁绽出带着丝丝的甘甜。吃这些农家杂粮时得用手，亲力亲为，我一直感觉，凡是吃的东西能用手抓着吃的，都吃得香，有滋有味，这可能与人类吃食本能有关。

这次吃食热菜亦有数十样，鸡、鸭、鱼、肉样样俱全，头道热菜是糖醋排骨，此菜一直受到陆先生表扬说："烧得好，味道到位！"酱汁裹满排骨，枣红色泽，满满一盆，口感酸甜适中，入口时味酸甜，后是肉的咸鲜味，最后咬碎骨头，其骨汁味美膏厚，味道层层递进，吃后口齿留香。轮到酱烧脚圈上桌时我是满心喜欢，那盆脚圈，红红亮亮地闪着油光，端上桌时，肉圈还在抖动，可知火候到位了，我挑起一块最大的脚圈放入自己盆中，迫不及待咬上一大口，肥腴油滑肉皮连同酥烂入鲜的精肉一同进口，满满一嘴巴，一时说不出话来。邻座的文联画家吃后连声叫好。不是我贪嘴，实在是诱人，咽下这口后，我细品其味，这些脚圈烧得十分用心，火候恰到好处，肉中香料有点睛之妙。五香八角特别是还用了丁香等，猪肉与这些香料同烧慢炖，其味悠长，味鲜不俗，回味无穷，就像肉中施了魔法一样好吃，尤其其中骨头上肉酥烂见鲜，还有旁边蹄筋，软烂鲜糯。此菜做法堪称一流。饭后姜浩告诉我，此脚圈，他在菜场中找了好几家肉店，最后选择一家肉店，出售的是一种黑毛香猪，并特地关照在切割脚圈时大小匀落，皮与骨不能切碎。脚圈为猪爪上面一段，俗称"脚馒头"，因此要买到好脚圈才可能做出好菜来。他还说，肉中香料都在实际操作中得到了经验，把控数量，点到为止，啥时投放，烹前、烹中、烹后都有讲究，特别是丁香，用多会刺舌反而不香造成异味，不用难出香气，故而是一种调香的手法。整盆脚圈底部还用花生垫底，焖烧中花生仁酥烂软糯，吸收脚圈中的卤汁，好吃非凡。我听后真为他潜心钻研烹调技艺而感动。

这次聚餐数量多，盆面大，为了减少浪费，临时还叫停几样大菜。令人难忘的菜品有干蒸童鸡，原汁原味，鸡油漂荡，鸡嫩汤鲜；传统两筋页带有家常风味，让人大快朵颐；香炸带鱼，鲜香无比，在柠檬汁的推动下，越发诱人。在热菜中姜浩特地做了一只他最拿手的姜母肥鸭，满满一砂锅，鸭肥汤美，此乃滋补佳品也，还有的菜……那晚的主食是苏州的虾肉馄饨，那一只只馄饨细巧，味道鲜爽可口，虽然已吃饱，但还是吃了几只。

晚宴毕，走出餐间，皓月当空，撒下满地银光，院落里凌霄花开得火红，墙角紫竹在湖石后时隐时现，高大的玉兰树挺拔葱郁，满地鹅卵石泛着白光，衬托起园中的夜景。我走在回廊里，与文瑜兄诸友告别，想到刚吃的满桌美馔，我在餐桌上说的多是吃食废话，听到的都是昔时师恩、友谊、亲情之言，实在感动不已。像我这样"日图三餐，夜图一宿"的人，谈吐差距怎么这样大呀！

一人撑起的盛宴

常 新

我不知道"美食家"的最早出处，以我的认知水平，这个称谓来自陆文夫中篇小说《美食家》。在陆文夫之前，所谓美食家，应该是被称为"饕餮者""好吃的人""馋痨坯"等，当然也可说是"饮食鉴赏家"，但都没有"美食家"来得有文化，来得堂堂正正、雅致偶傥、言简意赅。如今社会各界倒是心态端正，朋友圈里，十个人中倒有八九个自称"吃货"。

《美食家》对我的教育是多重的。我清楚地记得，1983 年早春，桌子上的《收获》杂志，灯光下父亲的话：你看看吃面还有这么多的讲究。岂止是吃面，《美食家》简直就是苏州小吃和苏帮菜的词典。但是，年少的我，更关注的还是高小庭对朱自冶的斗争，可是看到最后就是不明白谁胜谁负。小说的中心思想是什么？表现的主题是什么？看来都没有，但就是读得有趣，有滋有味。联想到之前看过的汪曾祺《受戒》，开始有点觉悟：原来，小说也好，文章也好，不必都像《金光大道》《闪闪的红星》一样需要有好人坏人的，需要拔高人物和升华主题的。

副作用也有，我好像不大能做对语文试卷的阅读理解题了，分析段落大意更是会掉链子。还好，我初中毕业考考得还行。

顺便提一句，刚高中毕业、准备上大学的那年夏天，我看了电影《青春祭》，张暖忻的这部片子给我的震撼和《美食家》类似，让我又有了一种全新的审美，让我对以后的《一个和八个》《黄土地》《红高粱》，有了很大的观赏心理准备。

一晃就到了今年夏天，我在苏州杂志社结识了陆文夫的贤婿姜先生。那天，姜先生从早忙到晚，包揽买汰烧，独霸红案和白案，切剁泡拌卤，炒爆煎蒸煮，挥汗如雨，热气腾腾，一人撑起了一桌丰盛的晚宴。受邀的美食家们和姜先生现场切磋，印证武功，我实在插不上话，只能顾着对付眼前的佳肴，把个"馋痨坯"的角色演得十足十。

其实，我当时特别想问问姜先生，是不是陆老爷子吃了他做的菜才把女儿嫁给他的？

老姜见"老姜"

亦　然

　　老姜是姜先生，本来应该称姜师傅的，但是老姜是高段位烹饪爱好者，不是职业厨师。我非此道中人，暗忖大概不好叫姜师傅。又不很熟悉，初次见面就称老姜似有不妥。现在还是称老姜只是因为冒出个有趣的现成标题，不得不冒而犯之了。

　　说"老姜"也颇为冒犯：晚宴上被推到首席就座的是烹饪大师华永根，市烹饪协会会长，这一行当里的"老姜"确定无疑。可是我还是觉得使用这个词没有把我心里的敬意表达得充分到位。

　　当老姜被拉到"老姜"旁落座的时候，菜已经上齐了。菜没上齐他执意不肯入席，如同小说没有写完，定稿之前，作家绝不愿将之示人——老姜是晚宴的掌勺大厨。

　　两人也不相识，但面对满桌佳肴他俩比谁都亲。

　　一位江湖盟主，一位绿林高手。老姜见"老姜"，两眼放毫光。

　　满满一桌子菜是老姜的满堂儿孙，又见到了真佛，两眼放光是自然的。"老姜"呢，难得看到业余好手，聪慧可教，自是开心。就像武林，往往不是徒弟找师傅，而是师傅找徒弟，在高人眼里，看到能够传承绝技的人太不容易了。一肚子秘籍激动起来，挡都挡不住。我等在座的吃瓜群众也是两眼放光，满桌目光刷地罩住他俩，机会难得，美食真经谁不想听几段啊。而且大家心里有谱，专业高人与业余好手的对话，定是深入浅出而又精彩生动。

老姜见"老姜"，话题个个香。"老姜"点评菜肴，一盆盆说过来，言简意赅，比如红烧脚圈的诀窍就是一块黄酱，比如干煎带鱼要紧的是得"糟"一下，而那盆老姜的创意之作黄鳝螺蛳则是鲜美有趣。连我都听得跃跃欲试，原来烹饪技艺竟然如此家常啊。

开始觉得这老姜胆儿挺大，敢跑到苏州杂志社开宴，这可是美食家陆文夫开创的地盘，就算陆老师不在了，还有陶老师把守着呀，这不是摆擂叫板吗？后来才知道老姜正是陆文夫的女婿，曾经耳提面命，深得岳父真传。于是"老姜"深情追忆，正是陆老师的名作《美食家》，才让我们这些人，还有广大吃货，有了一个能引以为骄傲的共同姓名。

老姜见"老姜"，语亲情也长啊。

我有一餐饭，足以慰风尘

苏　眉

如同一个好中医可以康健一方人物，一个好的厨子足可以改善一个区域人们片刻的心情，而家中有一个善于做饭的人，则是一生之中长久的福气，像源源不断的温泉，足可以抵御整个世界的寒凉。

吃罢四季宴、花之宴、虾籽宴、白鱼宴、大师宴，陶老师说我们今年吃吃寻常人家菜，第一位掌勺者，便是陆文夫先生的女婿。

当然期待，地点选在苏州杂志社，晚餐，我早早便去了，穿了一件蓝印碎花布长袍，双鱼耳环，打扮潦草却舒服。吃家常菜，一种是细气女主人做出，青瓷雅盏，餐前香茶细果，甜羹清汤，精致小菜，简直要柔声浅笑，屏息静气相待的。另一种则粗盘大碗，只讲真味，可是要撸起袖子吃的，布袍子可席卷一切场合，我做了折中妥当的准备。

终究等来晚餐，陶老师还叫了几名雅士，另有美食界泰斗华老师，大家寒暄几句便落座了，凉菜已备，像极家宴，丰衣足食味道，盐水鸭、清水毛豆、牛肉、盐水虾、凉拌黄瓜、凉拌肚片、糟鱼、千丝大虾、鸭肠胗干，皆清爽好味，菜蔬落胃，吃下去马上心身一体，像看到王羲之的字，笔笔入眼。凉菜前先有一碗甜汤，大枣百合鸡头米。

然后是热菜，大锅炖的红烧脚圈（猪蹄里最精华的一块），煎带鱼，煨了许多大蒜瓣的红烧黄鳝，糖醋排骨，大锅的煨鸡汤，油豆腐塞肉与百叶包同煮，青菜炒毛豆，猪皮炖海参，辣炒鸡块，另有一道菜肉馅儿大馄饨。

众菜之中，我尤爱那道盐水虾，一只只细心剪出，每一枚都像精心打扮的新嫁娘，鲜咸之中略加糟料，原料自然是好的，新鲜纯美之中有一种出其不意的美艳，仿佛可以看到六月里荷风清凉的湖面，采莲女含笑半拂袖，不过惊鸿一瞥，已消失在无尽的绿意中。

林文月的《饮膳札记》写得又朴素又美貌，她道："行家多能在寻常小菜间辨识厨者之用心。"食者，良人也，烹饪为二，好料为一，其三是吃客的落定与投机。

本　色

胡笑梅

立秋后的苏城，干燥，微凉。呼朋唤友闲谈小坐，便如镇湖黄桃、同里鸡头米似的，渐多起来。

夏末，温热犹存，沿着十全街林立的店铺，踱至老苏州茶酒楼，向北向西又向北，拐入滚绣坊青石弄。一下子，从形色现代秒回本色民国，连气场也瞬间两样了。鹅卵石铺就的小路，泛着青色的时间之光。返璞归真的粉墙黛瓦，素面朝天的回廊庭院，闹中取静。这是繁华都市中一方"结庐在人境，而无车马喧"的雅舍。耳边聒噪的各种叫卖声、游人喧闹声、汽车喇叭声戛然而止，发际间，只剩下几瓣细微的虫鸣蝉唱，还有几朵稀星流云。

是夜，月色淡淡，风儿暖暖，一切都刚刚好。同道好友，齐聚叶圣陶故居，谈天说地，把盏吃茶，品苏味儿美食，味蕾如夏花绚烂盛开。大厨是"美食家"陆文夫之婿，每一道佳肴都是陆文夫生前所钟爱的地道苏帮菜。滋味之崭自不必说，仅色彩流光，就令人神摇目夺，魂不守舍。

席前点心是红枣鸡头米，枣酡红与象牙白，西域贡果与江南水仙在一盅甜品中晕染跳脱，整桌菜都为之风情万种起来。

前菜有：碧绿生青的盐水毛豆，翡翠墨玉的醋卤黄瓜，金黄橙红的南瓜玉米，百合丝滑的白烧牛肚，金雀花黄的盐水籽虾，葡萄酒红的五香牛肉，莹白银亮的卤味黄鱼，淡黄粟颜的开洋干丝，米灰浅咖的糟味仔鹅和盐水鹅什。恍惚阴差阳错，我们从私人定制的深夜食堂，走进一爿彩帛锦缎铺，处处姹紫嫣红开遍，斑斓柳绿争艳，五光"食"色，神气"食"足。

热菜有：蜡黄油亮的干蒸童鸡，古粉紫红的糖醋排骨，玫瑰宝石的酱烧脚圈，柠檬赭黄的香炸带鱼，烟雨青灰的螺蛳鳝段，亚麻麦秸的面筋百叶，珍珠奶白的皮肚蹄筋，琥珀琉璃的姜母肥鸭，鲜绿滋透的青菜毛豆。这哪里是烟火家常？俨然冷暖色彩的跨年盛会，荤素食材的绝妙搭配，"食"里洋场，"食"全"食"美。

主食是虾仁馄饨，红的虾，绿的菜，红肥绿瘦，红情绿意，在青花瓷盘中厮守到地老天荒，不离不弃。

良辰美景，宾主尽欢。相遇苏帮美食，养眼；邂逅苏派文人，养心。闭上眼，把味觉交给思想，把视觉交给心灵。满桌的缤纷溢彩，艳而不俗，色香味俱全；团坐的文人画士，契阔谈宴，咀咀嚼嚼，心心念念——

本色！

家常便饭
陶文瑜

不明就里的人以为当编辑有不少意想不到的好处，比如看了别人的稿子可以有所启发，从而博采众长了，实在并不是这回事。

事情要从姜浩说起，姜浩早就认得了，只是不久之前才知道他烧了一手精致的家常菜。一般的理解，烧烧家常菜的，不过是江湖中人，似乎饭店里的厨师才是武林高手，其实未必，厨师服务的对象只是笼统的顾客，他才不会在意张三李四什么的，因为这是他养家糊口的工作吧；而家常菜是为自己的家人和朋友红烧白笃，这是满怀深情的劳动。饭店里吃的是人情世故，家里吃的是人之常情。

言归正传，说起姜浩，首先要提起的是红烧大肠。说出来不怕难为情，姜浩带了一锅刚烧好的大肠来青石弄，我竟有流口水的感觉。姜浩说，大肠洗起来麻烦，他花了两个多钟头。

我母亲生前也拿手红烧大肠，这道菜的要点是洗得干净，然后是浓油赤酱。我母亲买了大肠，利用中午休息时间，洗干净放在煤炉上，烧得差不多了就封好炉子去上班，待傍晚回来，就有一道烧好的小菜了。

家常菜其实是从前记忆和生命留痕啊。

俗话说吃啥饭当啥心，吃了姜浩的红烧大肠，我想到家常菜其实是苏州人的日常生活，比如我们请姜浩来烧一桌家常菜，再听听姜浩的人生故事，不是很有意思的文章吗？更何况工作是在吃香喝辣中进行，多有意思啊。

姜浩很兴奋地接受了我的想法，他实在是热爱这个生活吧。这与我和书法有点仿佛，我是看见毛笔就手痒，接到写字的生活，整个身体都是轻飘飘的了。所谓犯贱，大抵如此，然而在我心目中，凡这样的犯贱，光彩照人。

　　当然，姜浩的厨艺要比我书法功夫高明许多，这一天聚在青石弄里品尝的人，全是一副水到渠成的酒足饭饱。

　　百叶炒肉丝和两筋叶我吃了好多，百叶是姜浩在无锡采购的，我一向认为，无锡的工业、农业和百叶，在众多城市中是名列前茅的。

　　还有就是糖醋小排骨。

　　说起来这道菜也是我母亲的拿手好戏，我们虽然是普通劳动人民家庭，但日子不至于捉襟见肘，只是我母亲是十分节俭的人，家常便饭小荤居多，这或许也是我对百叶炒肉丝亲切的原因吧。不过凡有客人来家里，我母亲会花不多工夫，信手拈来似的做出来几道小菜。而这几道小菜之中，必有糖醋小排骨。

　　那时候我刚好是恋爱的年纪，发现了母亲这个特点，就三天两头在饭点带上女孩回家，看到我母亲在冰箱和炉灶前快乐地来来回回，我以为自己意外地尽了孝心。

　　不过我母亲烧的糖醋小排骨，最后还要淋一些香油。我曾经和老恩师华永根提起过，他说老苏州也有这样的套路。

隔一天遇上姜浩的时候，我说你不如开一家饭店吧，就叫老姜师傅，你本身姓姜，还有俗语说姜是老的辣。

我觉得这个名字起得很有灵气，就在朋友间吹嘘，最后大家写文章的时候，薛亦然的题目是"老姜遇'老姜'"。其实我本来要写的是"老姜师傅"，所以有了最初的感慨，这里也是文章的前后呼应了。

洞庭饭店

洞庭饭店里的桂鱼

华永根

有诗云："西塞山前白鹭飞，桃花流水鳜鱼肥。青箬笠，绿蓑衣，斜风细雨不须归。"张志和这首《渔歌子》被誉为华夏神州的"风流千古"之绝唱。写出那时的情景、人的心情，点出春时季节，鳜鱼最肥美的时段。李时珍《本草纲目》解释道："鳜，蹶也，其体不能屈曲如僵蹶也。"鳜鱼俗称甚多，石鳜鱼、胖鳜、鲟鱼、桂花鱼、淡水老鼠斑等，但最多称谓桂鱼（鳜鱼的俗称）。

桂鱼为我国特产的水产品种，全国各地江河、湖泊中均有出产，尤以江南的淡水湖泊为最盛，品种优良。桂鱼是水中鱼类中的"大哥"，性情凶猛，专靠吃小鱼小虾长大。《本草纲目》中称桂鱼鱼肉"甘、平、无毒"，有益劲、补疲劳等功能。《随息居饮食谱》中写桂鱼养血、益脾胃、肥健人……有如此多的养生功效，而且肉质鲜美又无小刺骨，桂鱼不愧是淡水鱼中的名鱼。

江南人食桂鱼，一年四季常吃，但也得顺以自然规律，即春时、秋时最为宜。江浙一带的菜馆、酒楼在春秋两季都有大量桂鱼名馔推出，诸如著名的松鼠桂鱼、奶汤桂鱼、火夹桂鱼、叉烧桂鱼、糟熘桂鱼片、瓜姜桂鱼丝等，品种之多真让人目不暇接，一时真不知吃哪一款桂鱼为好。

要说吃桂鱼我真有次意想不到的经历，那次时值仲春与朋友们去东山洞庭饭店聚吃，那家店坐落在古镇东山中央，店面虽不大，古色古香窗明几净，二层楼面，底层散台，楼上一排包厢，一面临着街，一面傍着山，门前牌楼气势非凡。在此就餐不吃也心旷神怡。据说此家店桂鱼烹饪堪称一流，食材优质，使用的太湖桂鱼条条鲜活，可任意挑选大小，偶尔还能碰到真正的太湖野桂鱼。那天中午到达时，店中曾凡武大厨已在等候，并说今天收到几尾野桂鱼，问我怎样吃法，我说："按你们这里烧法就是了。"因为我心知肚明，优质鲜活的食材越是用简单的烹调，越能体现出鱼的原味。该店烧制桂鱼是拿手菜，自有一套绝活，不会差到哪儿。

不一会儿大厨亲自端上一盆桂鱼，说请我尝尝，多提意见。只见一只硕大汤盆一条桂鱼静卧其中，四周相伴众多太湖小湖鲜、竹笋等辅料，似汤似菜，奶白汤色香气四溢，无半点腥味，因用料众多，看似盆面杂乱无章，内中却主料层次分明。我先吃上一口汤汁，即拍案叫绝，那汤汁厚重鲜洁，口感丰富，味比天高，真是"桃花流水春笋出，最是桂鱼味美时"。汤中有白色虾圆鲜糯润滑，六月黄（小蟹）味美膏香，汤底螺蛳挂汁多味，汤的面上碧绿的鲜莼散发出阵阵清香，滑嫩爽口，那片片春笋，脆嫩中鲜滑带着一丝丝山味。最让人意想不到的是，汤底还潜伏着酥烂入鲜、肥嫩无比的条块状蚌肉。再也不必去说那条汤中野桂鱼鱼肉的鲜美细嫩。此鱼在如此众多的太湖湖鲜、山笋等食材的互动下，即便简单地煮、烧、慢炖，其味也升华为"榜中榜"，如同合唱了一首味道的金曲。此鱼食后，我联想到苏州著名作家陆文夫先生爱吃的雪菜笋片桂鱼汤，他在《姑苏菜艺》一文中曾写下桂鱼汤的精髓，看起来在江南吃食中桂鱼汤真乃是美食家的钟爱。

我还在细细回味那汤、桂鱼的味道，曾厨走来，轻轻说一声：今日另有一样"好货"给你尝尝？我问他啥东西？他不说，笑着转身走开了。我还在想着拿什么稀奇东西给我们吃，不久端出一盆刚出锅的菜放在桌上说道："爆炒桂鱼花肚。"我真为之一惊。此菜盛放在一只洁白盆中，桂鱼花肚形如朵朵白兰花，黄色春笋片、碧绿蒜叶、黄中带白的肚花，每朵肚花旁边还带褐色细长条小鱼肝，一看便知此菜色、香、味俱佳。要知道在所有淡水鱼类中，桂鱼腹内鱼肚花最为珍贵，一鱼一朵，在日常生活中此鱼肚花，总要给家中最敬重的人、长辈或小孩子吃，如有客人在场，总得给客人吃，以示尊敬。许多老苏州去菜场买桂鱼时，总说："把桂鱼肚给我留着。"在饭店、酒家去吃桂鱼，此桂鱼肚时有时无。就看店家对此物的认知了。此桂鱼肚似石榴花，其实是桂鱼的胃。此品用酱爆烹制，方法虽简单，但尤为胜选，保持原味，鱼肚香嫩鲜脆，鱼肝肥腴润美，真是鱼中珍品，难得一见，与吴地名馔青鱼卷菜有得一拼。我在品吃桂鱼花肚时，勾起了儿时的回忆，小时候，我时常与外婆坐在一起同桌吃饭，有时吃到红烧桂鱼，外婆总会拣出桂鱼肚放入我碗中并说道："吃下去，肚中可多装点墨水。"意在告诉我多读点书，多用功。此话我一直铭记在心，在以后凡吃到桂鱼肚就会想起此话。想不到今日吃到如此多的桂鱼肚，回家真要好好读书了。

曾厨解释说菜中有如此多桂鱼花肚是今天从渔家手中收集来的，原本渔家代客加工桂鱼，宰杀治净桂鱼，鱼内脏都弃之不用的，但当地老食客惦记此东西，喜欢吃此鱼肚，我就去收集来，烹制后效果出奇好，深受食客赞许，只可惜此食材难求，时有时无，而且数量不多，今日也仅此一盆。

我听后很感慨，在江南水乡，有些美味菜肴，真是可遇不可求的，碰到了就有的吃。有时想吃的菜品因食材没有也只得作罢。看起来吃东西光有钱不行，还得"碰额骨头"，更重要还得与厨师、餐饮老板交上朋友。难怪美食大咖们有句名言，吃菜更多是"吃厨师"。

那顿吃请，就此两款桂鱼菜肴使我与同去者大为感动。美食给人享受，给人心灵上的慰藉，同去的我的一个北京朋友对我说："此菜、此味只有苏州有，此菜、此味唯独洞庭最美。"

"我伲山浪人"

叶正亭

洞庭东山人，自称"山浪人"，他们把"我们"叫作"我伲"，在东山，你要是说一句"我伲山浪人"，老乡们马上就会认同你，假如你再来一句："喔哟，甜是甜得唻。"老乡的热情立马倍增。

东山，是一座有底蕴的中国历史文化名镇，不仅语言有特色，物产很丰富，而且菜肴、点心也独树一帜，是"外婆家的味道"。

许多年了，我一直把"外婆家的味道"定位在东山老街上的洞庭饭店。这是一家很老的饭店，多少年啊，它的陈设、它的流程、它的菜肴、它的服务都还是从前的样子、从前的味道。

我说的"从前"，大概是指 20 世纪 70 年代，也就是四五十年前。我们孩提时，苏州一些著名的集镇都有这样的饭店，我脑海里的"工农饭店"。

洞庭饭店的大堂里放着七八张方桌，苏州人称"八仙桌"，桌子已经很有点年纪了，木头又不好，桌面的拼板间都已开裂，有的裂缝还很大。但那桌面每天用碱水洗，洗得泛白了，倒也干干净净、滑滑爽爽。每个桌上放了一只广口瓶，里面插着一把毛竹筷。

店堂里隔出一个小小间，那是售票处。顾客抬起头，可以看到上面挂着的价目表，都是用毛笔写的小楷字。一块硬纸片上写着一道菜的菜名与价格。每道菜都有两种价格，是大、小盆的区别。这些纸牌在从前是竹片做的，叫作"水牌"，季节不同，菜肴也不同，随季而变，新菜牌可以替代老菜牌。菜肴的新与老是以一年为单位的，季节不同了，将菜肴从新变成老，来年又从老变成新。我看到价目表的最后一排，写的是饭，每两五角。让我想起从前上馆子，城里人是带粮票的，而农民伯伯没有粮票，他们是带着米进饭店的，"来半斤米饭！"饭店售票处必定有把秤，称了半斤米，收了加工费，才能把半斤米饭给农民顾客。

洞庭饭店的挂牌菜肴都非常非常传统，真正经典的"老苏帮"，比如：肚片、肚档、甩水、炒莼菜、炸猪排、菊花鱼、咕咾肉、三鲜汤、糖醋排骨、走油蹄髈等。有的年轻顾客看了这样的水牌，竟不知所云。一个小年轻怯怯地问售票员："肚档是什么？"

问肚档是什么的人一定更不知道"甩水"是什么了。一条大鱼，指的是青鱼、草鱼（苏州人称鲩鱼），青鱼只在每年春节前后才看得见，平常能吃的大鱼基本上是鲩鱼。一条大鱼，分段处理，不同的部位派不同用场，其中大鱼的肚皮部位要单立，最是肥腴，称作肚档；大鱼的尾巴也要单立，剖开、分割，做成的菜便是甩水。"红烧甩水"是苏帮菜中的一道传统经典菜。

洞庭饭店的菜一直烧得很不错，我尝过炒莼菜，选料讲究，都是清一色、卷得紧紧的莼菜尖。紧汤，放几根肉丝，吃到的是莼菜的清香和肉丝的鲜美，真是美味。我也尝过红烧甩水，浓油赤酱，非常入味，吃剩的汤汁不忍扔掉，要了一点米饭，用鱼汤伴之，这种吃法苏州人称为"拌饭"，用现代语汇，应该叫"捞饭"吧。

然而，这洞庭饭店也着实让我担忧过，愁煞过。

2015 年，洞庭饭店关门了。据说收回国有，彻底改造。哎！它是老了，老得掉了牙，它也确实该改造一下了。但改造后，它还是洞庭、还是东山、还能有"外婆家的味道"吗？让我愁煞、急煞，以至一年后，洞庭饭店重新开业了，我都没敢走进去，我怕，怕把我美好的梦给破坏了。

我还是去了，走进洞庭饭店，环境、格局自然是焕然一新，担心的是味道，几道菜一尝，我笑了，我开心了，洞庭饭店依然洞庭，依然是苏州老味道，东山老味道！

关键是人，年轻的经理姓曾，苏州松鹤楼学过生意，师傅是国家级烹饪大师——张子平。洞庭饭店重新开业以来，我已去过几次，在那里，依然能吃到肚档、甩水、母油鸭、黄焖河鳗、糖醋排骨等经典传统"苏帮菜"，味道不减当年。

当然，一家优秀的菜馆，必定有其特色菜肴，我到一家菜馆，问的第一句话是：当家菜、招牌菜是什么？那么如今到洞庭饭店吃什么？小曾回答我：太湖水产，尤其是"三白"。这让我有点欣喜。一家菜馆，能把当地食材做到极致，这是很值得称道的。

太湖有三白：白鱼、白虾、银鱼。洞庭饭店菜单上的银鱼，有银鱼炒蛋、雪菜烧银鱼、莼菜银鱼羹等。尤其那盅羹，雪白的银鱼配上莼菜，碧绿的水中碧螺和灵动的银鱼共舞，美。

白虾。传统做法是盐水虾，洞庭饭店还供应炝虾，白酒将白虾醉倒，浸入玫瑰腐乳汁。品到的是白虾的细腻与原味。太湖白虾的胡子特别长，吃白虾有个游戏可玩，用根筷子搅一搅，可以聚起一捧长胡子，轻轻一拎，牵出一大群，这个动作叫作"牵须"，谦虚也。

白鱼。洞庭饭店食白鱼，清蒸的，事先暴腌一下，这样，鱼肉呈片状，吃口会更好。还有红烧白鱼、虾籽白鱼、荷香白鱼等。

前几天，我和洞庭饭店的小曾通电话，谈及雪饺，问东山有雪饺吗？他说，有啊，我们店里就有，每天有供应。我心头一热，苏帮菜、山浪肴，有许多祖传的经典，到了我们这一代人手里，没有失传，我们在传承。我决定要为洞庭饭店做一档视频节目。

洞庭饭店及其他

陶文瑜

我搞了几十年文学，对于创作原理的认识和掌握还是比较全面的，俗话说生活是创作的源泉，一直不出门，不能用源泉只好用积累了，源泉是皮夹里的钱，积累是银行里存款。我的银行存款有两部分，一部分是明清吃喝，这些我没有亲身经历过，全是书上看来的。我一直觉得"百家讲坛"挺神的，他们说得那么头头是道，跟当事人似的，这就是艺高人胆大，我吃的是技不如人的亏，有好几次想写一写红楼吃喝，却觉得自己也是书上看来的呀，怎么下得去这个手啊。还有一部分就是平时积攒下来的，比如洞庭饭店和老茶馆，我一直觉得这是东山镇上最吸引我的地方，是一个私密的去处，是我的隐私吧，隐私都拿出来换钱了，写作真不容易。

洞庭饭店在东山镇政府斜对面，最值得说道的倒不是它的烹饪，而是店面和服务，店面似乎还是20世纪70年代初的装饰，服务也沿袭了以前的做法，吃客先是在售票口看了水牌买筹，再到店堂里凭筹等菜，真是十分执着和旧气。有一回我们去二楼吃喝，添一瓶啤酒，喊来服务员是没用的，服务员认筹不认人，只有先到楼下买了筹，再回到楼上换啤酒，最后我们要两小碗饭，还是这样的程式。二楼的服务员五十左右，我叫她妹妹，她十分开心，说中学毕业就来洞庭饭店上班，在这儿干了三十年了。我说三十年前的妹妹，肯定是东山镇上的美人啊，妹妹很开心地笑了。

洞庭饭店拿手菜是红烧甩水和响油鳝糊，油爆虾也新鲜饱满，但是偏甜了。

老茶馆在离洞庭饭店不远处的东山老街上，这是最老的传统意义上的茶馆店了，经营茶馆店的老太太，已经80多岁了，还是每天开门营业。老太太每天早上四点钟就起来生火烧水，第一批客人是山那一边的三个老头，他们到茶馆里来，要翻过一个山头，一般是大清早四点半赶到，这时候老太太烧在灶上的水，已经开了。

自带茶叶，每位五毛。有一次我给多一点钱了，老太太去到街对面的小店，买一些瓜子花生之类，然后放在桌子上。这叫我内心感动，反而不好意思了。

地方志办公室的叶主任，是东山人，前年过年的时候，东山老家送了一些自制的糕团，是菜苋团子和一种叫雪饺的甜点，他分了一半给我。我人缘好，一直能得到朋友的吃局，却从没有不好意思或者十分感激的神情，但雪饺和菜苋团子实在太好吃了，我一直记着，觉得欠了叶主任一个很大的人情。

之后好几次去东山，我都四下去寻找这两样点心，但只看到台湾香肠和炸鸡翅之类泛泛而谈的东西，所以洞庭饭店和老茶馆在我心里的地位就更重了。

江南雅厨

金洪男拜师

华永根

金洪男是苏州餐饮界的职业厨师，科班出身，毕业于苏州
旅游职中烹饪班，在苏州几家大饭店主持烹饪，后转于新梅华
掌勺。几十年厨艺生涯造就他高超的烹饪技艺，业已成为中国
烹饪大师，又是善正鑫木餐饮公司的总经理，近期又任苏州市
烹饪协会会长，在餐饮江湖上地位节节攀升。他热爱生活，更
热爱烹饪工作，业余时间用来看书写字书画，是颇具艺术修养
的厨师。

大前年冬天的一日，金洪男打来电话约我去他在木渎影视
城旁桃花源的新家看看，顺便吃一顿晚饭。他在电话里告诉我

最好就在这个周末，那天他休息，而且他家里人都在……我还在犹豫中想回答去不了，但总得想一个说辞，此时正在一旁听到电话的我老伴接过电话大声说："好的，到时我们来。"我瞪着眼没好声气地对她说："不关你的事，抢着答应。"她却理直气壮地说："你的事就是我的事！"口气似乎比我还硬气。

那日我们如约而至，车到桃花源后一路找来，虽然告知门牌号码，无奈那里小区的道路、每家每户房屋如此相同，费了不少周折还找不到目的地，最后打了电话，金洪男迎出门接我们到他家。一进门，他妻子热情地打着招呼，叫上两个可爱女儿上来叫"爷爷，奶奶"，我倍感亲切，像是到家一样。他的新家坐落在小区一条小河旁，坐北向南连体别墅，风水极佳。进门一楼为起居室、客厅，二、三楼为卧室，整个房屋装饰明快、简洁、大方，点睛之笔是那些墙上挂着的书画屏条，最底下整一层为金洪男的书房、画室。朝南一面连着一个花园，湖石、水池、花木、雕砖、曲廊设置典雅古朴，颇具旧时苏州大户人家的风韵。一个厨师靠劳动白手起家，不断拼搏到现在，过上了幸福的生活，居住大宅，印证了习主席讲的"幸福是靠打拼出来的"这句话。

晚宴菜数多、味道好，金洪男亲力亲为。他妻子对我说，平时金洪男作为厨师在家是不烧菜的，今日一反常态认真做起菜来，使得他的两"千金"雀跃欢呼，这顿晚餐吃得其乐融融，吃得称心满意。厨师永远是善良的，总把世上最美好的食物通过自己的烹饪技艺奉献给人们，给人快乐。

记得那晚的一盆糖醋排骨最让我感动，吃到了那时我在松鹤楼学艺时的老味道，深褐色又显微红的排骨堆放在一只洁白硕大的瓷盆中，显得十分庄重，那排骨上包满了酱汁，吃上一口，肉香满口，排骨肉松软，略有韧劲，酸甜适中，在咀嚼中有一丝丝咸鲜味，还咀嚼出津津排骨鲜美汁液，口感丰满令人陶醉。席间大家你一句我一言夸奖金洪男烹饪技术好，菜肴可口。不久从厨房中端出一只特大号的海碗，内中盛放着一只大鱼头，热气腾腾上桌了，此鱼头汤，呈乳白色，整只鱼头上面撒着翠绿香菜末，清香扑鼻，鱼头两侧是白色鱼丸、红色虾蟹，汤底还有蚬子。我知道这鱼头汤是金洪男的绝活看家菜，说起来也正是此鱼头汤使我认识了金洪男。

早在十多年前，苏城南边有家"新梅华"，那里供应千岛湖鱼头汤，声誉鹊起，不少食客纷纷前往品尝。一次我约了几个食友前去品吃，那时新梅华在吴中区苏苑饭店附近，店虽小但生意红火，掌勺的就是金洪男，当家是单三男——一个精明又善于管理的老板，他俩一个主持外场，一个主持里场，配合默契。他们开发出的千岛湖鱼头汤，鱼直接从千岛湖送来，放养在进门地下一个水池中，顾客可自由挑选。那天我挑选了一条最大的鱼做鱼头汤，要求鱼尾做红烧甩水，中间鱼段任由厨师摆弄。不久开始上菜，最先上桌的是红烧甩水，虽然此鱼尾没有青鱼尾那样肥腴，但也烧得可圈可点，深枣红的色泽，鱼尾割成六条排列整齐，鱼肉嫩润，鲜美可口，带着一点点苏式的甜味，深深打动了我的味蕾。主菜乃是那一大海碗鱼头汤，汤色洁白，鲜美无比。厨师巧用中段的鱼肉制成鱼丸，放在汤中，还有小虾小蟹，此鱼头汤一改过去苏式鱼头粉皮汤的做法，提升了一个档次。我吃着鱼头汤、鱼丸，想这里厨师真会动脑筋，能把一条鱼分档取料，物尽其用，恰到好处，利用食材特点，制出美味佳肴来。食毕，老板单三男请金洪男大厨出来跟我见面，这是我与金第一次见面，留下了一个好印象。想不到今晚在他家还尝到这一手他早年绝活"鱼头汤"，我浮想联翩，想起早年一些事。那晚我老伴吃得满心欢喜，少不了数落我在日常生活中的一些欠事，有时引得大家哄堂大笑，我也没法，只要大家开心就好。有句话说得好，能使你所爱的人快乐，是世上最大的幸福。

席散了，金洪男送我俩出门。在门口他郑重地跟我说："我在餐饮业辛苦干了几十年，我从小没有父母，一直想拜你为师，你看怎样?"此话一出我深感突然，正想说让我考虑一下。此时我老伴又插上话，大声说："好的，好的，我答应。"说完她与金洪男会意相对一笑。此时我才恍然大悟，今晚此宴真乃是"鸿门宴"，这是我老伴早已设计好的"拜师宴"。金洪男的拜师走的是夫人路线，捏住我的"死穴"，夫人定好调子，我执行罢了，但我心里认定"此生可造也"。

前年一个春天，金洪男选择在新区一家新梅华店里正式举行仪式，拜我为师了。

他的道

苏　眉

我习惯用拆字法来开始一篇文章，汉字有它奇妙的地方，和美食一样，冥冥之中有种共性，那些入口的东西最终与你合二为一。有时候名字会决定人生，而食物决定着我们存在的方式，是活着还是生活着，你始终无法辨别哪个更为高级一点。

我不是算命师，但是拆解过很多人的名字，发现里面有一种惊人的联系，虽是自圆其说，却也有三分道理，一点趣味。从金洪男这个名字来说，首选暂且忽略那个金光闪闪的姓，洪男二字，水主财运，三点水边上的共，有点乌托邦的罗曼蒂克，却是慈悲的了，而他也确实在这方面默默地做了一些事。男字，田中劳力，他一路过来业绩至此，大家也是有目共睹。如今他有个名号叫"江南雅厨"，与他喜爱书画不无关系，据说每日忙到 10 点归家，才开始写字作画，到凌晨一两点方入寝，这简直是田中苦力了。一切看似通达之境其实皆有崎岖之路在，金字在全上多了两点，也是付出的道路多了些的缘故。我想这也是他为何从一个厨师做到如今这个位置，新梅华从原来的一家苏帮菜馆做到如今这样大的规模和体量的缘故。

我与金总只见过几面，一共才说过几句话，都是朋友的朋友，然而一个人是如何的，也基本都长在面相上，五官构造不同，美丑不论，眼神、举止、言语，皆是一个人灵魂的外在表现，一顿饭工夫，但凡为人如何，差不多也就七七八八了。古人有见字如面之说，如果吃一顿他做的菜，简直是开作品讨论会，妙的是这个做饭的还好书画，而文化人之中，擅长做菜与吃的就不计其数，且不谈倪云林、张大千、郁达夫、汪曾祺、王世襄、大仲马，就苏州现在的文化吃客数数，手指就扳不过来。之前因为陶文瑜老师开设美食专栏，见识了苏帮菜老宗师华永根老先生，跟着吃了不少妙食。他是美食界承上启下的关键性人物，嗜好读书，亦钻研古菜谱，出了很多专著，文笔颇有民国旧味，讲话不紧不慢，拿捏有度，都在理上，人又谦和，这样的老先生，在继承人的选择上，绝对有他的法度，所以对于金洪男的认识，是此时无声胜有声了。

对于新梅华，我却是更为熟悉一点，门类多样，菜品丰盛，价格还亲民，除了经常去吃，无独有偶的是，新梅华的创始人单老夫妇竟然住在我家楼下许多年，他们十分低调、礼貌、朴素，我想这也是一个品牌能够持久长远的个性品质。

陶老师告诉我，新梅华里有很多民间秘法的美食，比如东山的雪饺，柔糯而有韧劲，馅料也有特色，还有用柴火灶头烧出来的八宝饭，这都是金洪男用心去学了来再做推广的。饮食有道，书画有道，做人有道，他的道，总是在全字上多了两条，谁叫他姓金呢。

水墨味道

陶文瑜

金洪男之前在大小厨艺比赛中得过不少名次和奖励，也有自己的拿手菜。拿手菜相当于武林中的独门秘诀，是属于自己的一招半式，有了自己的一招半式，才可以行走江湖。不然只能是厨房里的泛泛而谈。可以说洪男不是个泛泛而谈的厨师吧。洪男现在经营饭店，生意做得风生水起。因为痴迷书画，大家称他是"江南雅厨"。

我是随大流，也为洪男题写过"江南雅厨"，人在江湖少不了人云亦云地顺水推舟。不过在我心目中，并不是因为洪男的淡墨浓墨，才说其风雅的。

不久之前，洪男送了我一些咸肉和两碗八宝饭，咸肉是自己腌制的，春天来了，又要"腌笃鲜"，咸肉是主要角色。一般八宝饭都是放在笼架子上蒸煮而成的，东山有个老阿姨，八宝饭是在灶上烧出来的，别有风味。洪男专门去乡下学习了这个技术，然后在自己饭店里推广。所以我认为，洪男的风雅，其实是对食客的体贴和温馨，并且用自己的心思和情感来烹饪。

苏州人对于吃喝，比较津津乐道，林子大了，有人挖空心思，想出来"红楼宴"和"云林宴"，做一道"茄鲞"，做一道"云林鹅"，以为茄子里多放点作料就是贾宝玉了，以为自己是活在当下的古代文人，其实倒我胃口。而我与洪男处得好，就是因为他身上展现出来的家长里短和人之常情。

一两年前，洪男拜华永根先生为师。一位是烹饪行业里的法家宗师，一位是后起之秀，这样的结合，似乎还有点梯队建设的意思，我就按照自己的想法送了一副对联："吃香喝辣新梅华，传宗接代老恩师。"

老恩师是我对华会长特别的称呼，我根本不要学习灶头上的本领，这样说了，不过是跟在华会长后面吃吃喝喝师出有名吧。新梅华是洪男经营的饭店。

去年年底，烹饪学会改选，华会长退居二线，洪男当选会长。有人说，位高权重的华会长让自己的徒弟接任这个职务，是不是有点封建社会的"禅让"呢？这个说法是不对的，我们的日子要过下去，少不了一日三餐，苏帮菜也要传承发展后继有人，金洪男一步一步走来，踏实而富有灵感。

再回过头来说一说书画，洪男于笔墨之道非常用心，一些书画小品有职业风范，洪男几乎就是有模有样的书画家了。

我们是一个微信圈子里面的朋友，我几乎天天能够看到洪男晒出来新作。餐饮行业是没完没了的婆婆妈妈，我不知道他哪里来这么多时间创作的。洪男说他是每天晚上十点多下班之后写写画画，一两点钟才休息呢，这是很自讨苦吃的方式。

我爱好书画，因为当了作家，就说自己是文人画、文人字。自己立了名目就按照自己的规矩来，我自圆其说横平竖直的书画，没有流露出本质职业的风貌，也和广大的书画家没有分别了。其实省略好多专业辛苦的劳动，我心里的想法是自己开心就好了。

我把心思告诉洪男，洪男依然按照自己的方式在努力。人各有志，所以我只能在小天地里小打小闹，洪男应该在大世界中大手大脚。我们走到一起，展现多姿多彩的人生。

奥灶面和刘锡安

大师小记

华永根

　　去年冬天一日，中国烹饪协会打来电话，要我协会推荐一位苏州地区有声望、有地位、70 岁以上健在的大师选入"中国烹饪大师名人堂"，在全国符合此条件的名厨为数不多。在我们的举荐下，昆山刘锡安大师被授予"中国烹饪大师名人堂尊师"荣誉称号。据返回的信息得知，刘大师报送的材料最齐全，入选毫无异议。按理说刘大师此生获奖无数，获奖像是例行公事一样，但这次真不同，条件苛刻、限制无数，对全国成千上万的厨师来说，进入名人堂是一种奢望，能进入名人堂的大师级人物在江苏省仅有五人。

刘大师从北京获奖回来，我们举办了一个小型欢迎会，刘大师兴奋地说："获此殊荣靠大家支持。"行业内的同道对他戏称："你百年后，要进北京八宝山了。"刘大师也不忌讳大声说："我去了，也给你们留好个位子，大家仍在一起。"其实在刘大师心目中有两个已获职称尤为看重，一个是"苏帮菜十大宗师"，另一个是昆山奥灶面"非遗传承人"。许多特殊的荣誉给他带来了无数掌声，他也愉快地享受这些掌声与快乐，政府给他的津贴，钱虽不多，但闪耀着他烹饪事业的成就及社会的认可。

　　刘锡安出生在西安，祖籍山东。父亲是黄埔军校毕业的将领，去了台湾。在他出生不久，母亲带着他来昆山投亲，无奈当时社会动荡，亲友走的走、逃的逃，一时无法找到亲友人家，只能在昆山草草落户。刘锡安从小吃苦耐劳，曾在昆山玉峰山下放过牛，在酒楼、茶室提篮叫卖过"焐酥豆"，也曾在昆山正阳桥下扛过面粉袋，在巷头街尾饮食店内拉过"风箱""拣过煤渣"。小小年纪由于生活所迫已干过许多大人干的活。13 岁那年他正式开始学徒生活，15 岁时已在昆山饮食业中初露头角，被当时昆山名师徐天麟收为徒弟，从此师徒两人成为昆山饮食业中的翘楚。在师傅提携下，刘锡安的烹饪技术蒸蒸日上，20 世纪 60 年代末被派往"苏州烹饪技术进修班"学习，毕业后数年在苏州、上海、浙江等地多家知名饭店实习、观摩，练就一身高超烹饪技艺，回昆山后兢兢业业工作。徐天麟师傅把奥灶面技艺秘籍传授给他，更使他如虎添翼。

20世纪70年代，昆山奥灶馆一度生产、经营面临着许多意想不到的困难，有关方面推举正值壮年、技艺超群的刘锡安去当领导，刘锡安欣然受命。到任后，他深入厨房第一线，创制、改良许多菜肴品种，恢复传统的红汤爆鱼奥灶面、白汤卤鸭奥灶面等点心品种，严把质量、管理、服务关，声誉鹊起，昆山老吃客蜂拥而至。刘大师经营头脑灵活，思维超前，多次到上海、浙江等地主动与旅行社联系，开创"昆山一日游"、吃奥灶面等活动，在他的策动下，大批游客"游昆山吃奥灶面"。清晨有时吃客多，有些人只能端着面在店外吃，吃完碗就地放着，昆山奥灶馆附近亭林路两侧，面碗堆积如山。他在昆山率先启用"双喜面票"，方便昆山百姓生日、做寿、乔迁、满月等就餐吃面，在价格上给予优惠，深受百姓欢迎。在刘锡安领导下，昆山奥灶面馆打了一场漂亮的翻身仗，一跃成为昆山饮食业"排头兵"。

刘大师对待工作事业，无论大事小事，只要自己认为办得到的就坚定地认真去办，这就是他的性格。有一时段，刘大师由于种种原因离开了他心爱的昆山奥灶馆，远走高飞。他曾在俄罗斯莫斯科做过外贸生意，又在匈牙利开过饭店，是昆山最早走出国门的企业家。他做生意思路敏捷，对市场商机捕获能力超强，每日睡眠很少，只要两三小时即够了，有时他整夜不睡觉，思考事业发展，工作上还有哪些需要改进提高。他常说："现在睡得少些，将来睡得多点，可一直睡下去不醒。"业内有人称他"工作上的痴子"。

刘大师的人生道路没有像他自己希望的那样顺当，退休不久即查出患"胰腺癌"，被告知生存期最多六个月。刘大师为人处世豁达、乐观，对病情并不惧怕，视死如归。在安排好身后事后，他毅然走上手术台。那天他吃了一根珍藏多年的野山参，像电影中黄继光扑碉堡那样，以总归要死的豁达，让医生开刀。术后醒来，想到自己没有死，六天六夜没有睡意，思考着今后不多的日子怎么过？心情十分平静。医生告知出院后须到上海做化疗，他如约而去，下午做完化疗就换上衣服，西装革履地到上海大街小巷寻找美食。有时吃了中餐，再吃西餐，食毕又去歌厅、咖啡馆，纵情享受生活，半夜回到病房。有病友对他说："你不像来看病做化疗，倒像是来此度假的。"刘大师对待病情有自己的一套处理办法，有些遵照医嘱，有些地方另搞一套，他常年各类补品不断，对各种偏方深信不疑。他没有被医生存活预期吓倒，精神振奋地过着自由自在的生活。生病至今刘大师已存活 13 年之久，今年已 75 岁，仍愉快地生活着。医生称他是医疗史上的"奇迹"。有句话说得好："生命的价值不在于能活多久，而在如何使用这些日子。"

刘大师生病后非但没有被病魔吓倒，反而激发他事业上更多的追求，他根据多年烹制奥灶面的技术积累，推出"刘锡安大师奥灶面"连锁加盟店，在整个华东地区布店成功，现已有六十多家。弘扬了昆山奥灶面的饮食文化，惠及大众。他像饮食江湖上传道的"法师"，只要说起他的奥灶面就一套连一套的，在他的鼓动下，要求加盟者络绎不绝，影响力与日俱增。他除了在昆山"天香馆"中正常供应传统奥灶面外，又推出"锡安大包"、中式早茶和卤菜"两只锅"，一只"酱锅"出品有酱肉、猪头肉等，一只"燶锅"出品有燶鹅、燶鸡等，丰富了当地餐饮市场，不少游客买回去馈赠亲友。

近几年来，刘大师不惜人力、物力、财力多次参加全国、全省各类大赛、评比，昆山奥灶面获奖无数。众多媒体大量报道过"昆山刘大师的奥灶面"。2017 年，昆山奥灶面被中烹协等单位评为全国最受欢迎"十佳"面条之一、中华名小吃等。这些年刘大师用自己过硬的技能孜孜不倦追求事业、传承昆山奥灶面，一碗奥灶面从昆山走向全省、全国，成为经典，刘大师功不可没。

刘大师对待朋友热情好客，对待同行虚怀若谷，在他的身边总团聚着许多朋友、师友、徒孙等，全国各地同行来昆山，他都热忱招待，时而在饭店中，时而在自己家中，总是满桌酒菜一醉方休。有时他自己下厨拿出他家传"武功绝技"，做几只昆山本帮菜肴，吃得大家拍手称快。奇怪的是他自己不吃，他看到别人开怀大嚼，吃得痛快淋漓，觉得过瘾之至，这一刻他自感是一个快乐幸福的人，因为他对朋友给予全身心的情感。他的情怀总想下好一碗面，让周边的人吃得更香些。

美食布道者

亦　然

这些年经常听说苏州又评上了十大某某城市，这当然让人高兴，要知道在全国范围能评上前十，总是很不容易的事。居住的城市上档次，城市里每个成员自然而然也上了档次，于是高兴。

评多了也就麻木了，再说那个"十大"是不是真的与你有关系还得两说。但是有的项目如果评不上，你会不高兴的，比如美食。

为什么？因为苏州评不上十大美食城市的话，那评委会肯定有猫腻，苏州还算不上美食城市，那谁都没资格算。在我看来，苏州的强项第一是美食，第二才是园林。

能够支撑苏州美食之城的理由众多，其中有一条很重要，那就是这个城市拥有一批美食布道者。这批布道者可了不得，他们的舌尖引领着全城的舌尖，他们的努力成全了满城日子的美妙，他们在哪儿潜心工作一番，哪儿就会成为满城吃货涌起的旋涡，他们是俯视在这座美食之城上空的奥林匹斯山众神。

是的，这个城市里的美食布道者人数众多，多得吓人。隔壁王姐就是一个美食布道者，每次买菜归来，她总会对邻居谈她的美食经。但我要说的美食布道者不是这些，我说的美食布道者有一个共同的别名：大师。

这些大师的名字人们并不熟悉，除非你是道中人。但大师们都有一个专属的别名。比如，刘锡安大师你听说过吗？十有八九都说没有。但你听说过奥灶面吗？所有人都会恍然大悟地"噢"一声。假如你连奥灶面都不懂，那你真的白活在苏州了，那你真的如同满座鸿儒里的白丁，你等于把自己开除出这座美食城了。

刘锡安之于苏州，如同哥伦布之于新大陆——正是他把奥灶面带到苏州城。

现在，他那碗面已经在整个长三角香气四溢、热气腾腾。

过去苏州人是不知道昆山奥灶面的，现在不知道奥灶面的肯定不是苏州人。是刘锡安把鸿沟一步跨成时尚。

这一步他跨了几十年。几十年的坚持，几十年的琢磨，几十年的奋斗，他成了奥灶面的"非遗"传承人，我觉得那碗面更像刘锡安大师一个人的宗教。

长于钻研、长于苦干，也长于神侃的刘大师让我联想到那些伟大的传教士。他与那些传教士一样，是用漫长的岁月甚至生命来布道的。听说刘大师身患绝症时想着的仍然是奥灶面，这难道不让人唏嘘不已敬意油然而起吗？

了不起的姑苏文化真的离不开许多像刘锡安这样了不起的布道者。

点心师

·

·

汪成大师

华永根

早年间汪成是食堂里的厨师，行业中称他为"炊事员"，此称呼与烹饪大师相比有天壤之别。汪成从不忌讳人家说他是食堂"炊事员"，有时反而引以为荣，颇有点"咸鱼翻身"的感觉。他又称自己是庙中的"小和尚"，天天在食堂"撞钟念经"，心中许下愿，将来必成大师，弘法食道。

汪大师早年在农场务农十年，其中六年是在农场食堂里度过的。返城后分配到苏州长城电扇厂工作，原本可去车间当工人，但他又一次选择到食堂当炊事员，情愿当食堂里的厨师，他胸怀着一颗热爱烹饪的心，努力成为一个出色的烹饪技艺大师。他在食堂工作勤恳耐劳、专心致志，像是在农田中精耕细作的农夫，把菜点打理得"禾苗茁壮"。随后他发现自己的烹饪技术远远不够，主动提出要到社会上"寻师访友""学取真经"，经领导批准后，他到黄天源学习苏式糕团制作，到松鹤楼学习苏帮菜烹调技法，又去糕点厂学习茶食糖果的制法，学习期间他一天当两天用，别人下班了，他仍坚持在岗位上勤学苦练，深得同行师傅赞叹。经过一年半载刻苦学习、潜心钻研，锤炼出一身本领、多面高手。

他学成回厂后在食堂做得"风生水起"，花色品种、时令佳点频频与工人们见面，因品种多，口味佳，深得领导、工人兄弟的表扬。汪成除在食堂工作外，空余时间经常像小贩一样，"穿街走巷"在苏城街头巷尾寻觅"小吃点心"，与这些民间制作点心的高手结为好友，切磋技艺，从中吸取烹饪技术"营养"。因而汪大师在制作苏州的民间小吃方面，有独到见解，有天然烹饪悟性，又有后天勤奋努力，他开发的苏州小吃口味纯正，特色浓郁，如挂粉汤团、苏式汤包、苏式方糕、苏式月饼、加虾烧卖等在省内外及全国烹饪大赛，屡屡获金夺银，声名大震。尽管已有一定江湖地位，他仍保持朴实本质，没有那种"平步青云"的感觉，仍一步一个脚印地在食堂工作。

我与汪大师认识时他还在电扇厂食堂工作。一次得月楼菜馆著名白案大师朱阿兴在苏州美食节上表演他最拿手的苏式船点，一款"枇杷园"，采用苏州"拙政园"内"枇杷园"的意境，用米粉、糯米粉等制作而成。那天我一直在表演现场，朱师傅"正襟危坐"，面容慈祥、动作灵活，站在他一旁戴着眼镜的小青年为他"搬前忙后"，时不时还搭上一把手，两人配合默契。朱师傅看我对这小青年投以陌生的眼神，就轻轻告诉我："这是我新收的徒弟，在电扇厂工作，叫汪成。"又说道："小赤佬肯吃苦，要学。"从那以后，汪成逐步走入我的视线，又成为行业活动的积极分子。汪成在朱师傅那里学到了制作苏式船点的"真经"及制作苏式点心的"秘籍"。

在苏州经济结构转变调整中，电扇厂被调整掉了。汪成从电扇厂调入市政府机关大院食堂工作，那里对产品要求更高，菜点翻新更快，时不时还要宴请一些"政要"，这对汪大师来说都已"轻车熟路"了。他总觉得自己技术不够，愈发虚心学习，同行中只要觉得哪款点心做得好，他必去学习，远在上海、南京、扬州等地的白案大师他都去"造访"，恳请他们"指点迷津"。

一次我在市政府机关大院开会，会后在大院内碰上汪大师，他拉着我，定要我去食堂尝尝他刚出炉的"鲜肉月饼"。那月饼咬上一口酥皮脆松、馅肉汁多、鲜香味美，口感层次丰富，我一连吃了两只，直呼"灵光"，最后连手心中碎屑皮一起倒入嘴里，吃得满心喜欢。

多年前，汪大师与他儿子在城南开了一家苏式面馆，供应传统的各式汤面及苏式"件头点心"，凭着汪大师的声誉，一时生意兴旺。难能可贵的是，这家店供应起传统的"阳春面"，售价仅3元。许多"老苏州"纷至沓来。我也乘兴前往，为的是吃上一碗正宗的"阳春面"，那次吃到的"阳春面"保持原有口味，一块板油融化在高汤中，从焖肉中提炼出来的"助汁"，加助了汤的鲜劲，翠绿蒜叶、洁白面条，这碗面我似乎吃出了旧时不少回忆，品味到了从前的味道。

汪大师平时待人诚恳，微胖的脸上戴着眼镜，总是乐呵呵的样子，微微隆起大肚，走路永远那样随便。在我看来，他永远是那副"炊事员"的模样，让人尊敬。汪成就是这样一位怀着平常之心的"炊事员"，在烹饪事业上不断探索，苦心追求，终成大师。现为资深中国烹饪大师、高级技师、苏帮菜制作技艺第三代非遗传承人。

人要有执着，方能有所成。

"点心铺子"汪老板

常　新

中国人，或者说是苏州人，对"点心"的理解比较宽泛，各种场合灵活使用，倒也没见过有人听不懂闹误会。

老派苏州人甚至把吃早饭说成吃点心，直接点就简称早点。这里的点心有点汤汤水水，油条、大饼、豆浆、面条，都算。糕团，例如黄天源的糕团，档次好像更高一点，感觉送礼的功能超过垫饥填肚。比较不明白的是，以前苏州人晚上就是喝粥也叫"吃夜饭"，从没人说吃点心。如果说吃夜点心，那是夜宵了。

如果说黄天源点心是早上吃的，采芝斋、稻香村的点心就是下午吃的，包、饺、糕、团、卷、饼、酥，品种极为丰富。这些点心如同园林一样，有南北流派，我在北京看到过很精致的点心礼盒，有"八大件""八小件""细八件"之分，装的东西差不多，也就是"饼头饼脑"，主要成分是精白面、白糖、猪油、蜂蜜及各种果料籽仁的合成，可一旦说了配方是御膳房传到民间的，走亲访友提在手上就倍儿有面子。而在南方，这类点心的极致应该是船点了，为此《舌尖上的中国》在得月楼拍了很长的一段。

我心目中的王牌点心，应该是苏式面。今年苏州评十碗面，我举双手赞成，准备去吃一遍。我觉得外地人来到苏州游玩而不吃一碗苏州的面，就没感受到苏州的精气神，"到苏州不吃碗面乃憾事也"。出门很久的苏州人，心心念念的也就是这碗面，一碗焖肉面下肚，心里顿时有了暖意，感觉真的回家了。

那年，听说南环有家面店开卖江湖失传很久的阳春面，于是兴冲冲前往。阳春面听起来好听，实质就是没有浇头的光面，利润薄不讲，完全就是拼真材实料，考验的是大师傅纯粹的手上功夫。热腾腾一大碗面端上，清汤大蒜叶，一股猪油香，久违的味道来了，唤回了年少的记忆和温情。也就是那一次，见识了从厨房间从容走出的汪成汪师傅，高高的白帽子干干净净，一副眼镜斯斯文文，和善敦厚。

汪成师傅，是点心的多面手，白案上的全能型大师。我后来在新梅华、朱鸿兴等多次见识他非凡的手艺，从糕团到船点，从小笼、汤包到生煎、老虎脚爪，生旦净末丑，文武昆乱不挡，他不仅戏全活儿多，更是个角儿，他的"鲜肉月饼"拿过全国大奖。

套用梨园"戏篓子"和相声"杂货铺"的说法，汪老板就是标准的"点心铺子"。

汪成师傅

陶文瑜

中学同学碰头，说起我不少陈年旧事，我还一直以为自己是品学兼优的好学生呢，大家说起的一些是是非非我已经记不得了，说我当年只要凑足一角五分，中午就去学校对面的526厂食堂要一份炒菜，还真是记忆犹新。劳动人民家庭的孩子当时攒起一角五分真不容易，一个月也就两三回吧。

我十分享用食堂里的那一种味道，不是单纯的鸡鸭鱼肉或者萝卜青菜的味道，这一些气息混在一起，扑面而来让人精神抖擞。当初我们不少同学的志向是当科学家、解放军，我的理想就是将来天天吃上食堂的炒菜。后来我担任杂志社负责人，第一件事情，就是建食堂。人到中年就实现了最初的想法，我的人生还是比较圆满的吧。

汪成从农场回苏之后，分配在电扇厂工作，领导让他在车间、仓库和食堂中选一份工作，他就选了食堂。那个年代车工钳工之类如日中天，而且汪成也没有烧菜做饭的一技之长，他选择去食堂是不是因为和我一样的少年旧事呢？

那年的电扇厂欣欣向荣，苏州人称它和另外三家企业为"四大名旦"，生产兴旺了食堂也水涨船高，红案白案高手不少，领导对汪成说，我们这里还没有好一点的点心师傅，你要么去学点心吧。

先是去黄天源学习点心制作的基本技能，这是汪成的小学课程，在名牌小学学习，根正苗红。之后跟随松鹤楼朱阿兴和梅府佳宴掌门人王致福很长时间。他们是汪成的研究生导师吧。

刚入山门看见大师傅舞棍弄枪，而自己挑水劈柴，存着一个学习本领的念头，处处用心揣摩，后来又遇上藏经楼的老前辈点拨，终于脱颖而出。武林之中这样的故事比比皆是，汪成一路走来，差不多也是这个意思吧。

包括电扇厂在内的"四大名旦"由盛极一时到力不从心，电扇生产不下去了，点心师傅汪成却在自己的行业中稳稳地站住了脚跟，凭着一身功夫行走江湖。先是在市政府食堂工作，退休之后去新梅华，担任独当一面的点心师傅。

苏州人的一年四季，比较重要的仪式就是时令吃喝，汪成制作的"鲜肉月饼"获得过"中华名点"的荣誉，有一年中秋我慕名而去，请他加工一些肉月饼，一来二去我们就这样熟悉了。

除了日常的点心，汪成还在新梅华负责研发新品，这样我就有了不少品味和享受生活的机缘。

食堂的烹饪，应该没有酒家饭店那样的精雕细刻，却更加人间烟火一些，所以食堂是日常生活的知己。汪成从食堂出发，票友起家，终成大腕，肯定是成功的人生，所以我为他写了一副对联："小小小点心，大大大手笔。"

花发南林

油腻饭

华永根

在苏州人们常把做餐饮行业的人说成吃"油腻饭"的，或许带有一点贬义，却也说得较为贴切。有道是三百六十行行行出状元，田建华就是吃油腻饭行业里走出来的"状元"，而今田建华身为中国资深烹饪大师、高级烹调技师、苏帮菜"非遗"传承人，桂冠顶顶光芒四射。

40多年前我与田建华一起从昆山务农返城，作为知青回城参加工作在当时是十分幸运的事。那时派工作是不可选择的，我们从农村插队返城已非易事，心甘情愿接受组织调派，派到哪里就安心在哪里工作。接收我们这批知青的是财贸系统，后称商业局。

田建华被派到新聚丰学做厨师，我被派到松鹤楼当服务生。我们虽在同一行业，但工种不同，用现在话说我在前台（堂口），他在后台（厨房）。随后我俩在吃"油腻饭"道路上一路奋发，风雨兼程。

田建华在新聚丰菜馆干了三个月厨房小工后，即被派往苏州烹饪培训班学习烹调技艺。他勤学苦练，凭着一股吃苦耐劳的精神，苦练基本功，烹饪学业大有长进，技艺进步神速，加上他天资聪慧、心灵手巧，比其他学员学得好、学得快，深得师傅老师们喜欢。临毕业时在一次全班的"切肉丝"比拼中，田建华脱颖而出拔得头筹。肉丝切得粗细匀落、长短一致，程序刀法步步到位。初露锋芒的他，从此与菜刀结下了不解之缘。天生我才必有用。烹饪班毕业时优中选优，田建华被当时市政府"外事组"选中，派往南林饭店学艺。

进入南林饭店，田建华有幸结识了江南厨王吴涌根大师。在日积月累的工作中，吴师傅十分欣赏新来的这个田建华小师傅，他总在厨房里埋头苦干，不计时间，不说劳累。有时紧跟吴大师学做菜，在厨房里帮助师傅切、配、烧、蒸、洗锅、擦地等样样做得井井有条。一天，吴大师对店领导说："田建华此生可造，我愿收他当徒弟。"恩结师徒后，田建华烹饪技艺突飞猛进。他先学吴大师做人的态度，待人诚恳虚心，不忘本质，常说："自己是一个烧饭师傅，吃油腻饭最要紧是把饭烧好。"吴大师把技艺悉心相授。师徒俩在南林饭店厨房里配合得得心应手，菜肴、点心佳品频出，深受中外宾客及领导赞叹，苏州曾有"吃在南林"之说。

在长期厨师生涯中，田建华练就了一身高超本领，他善用传统苏帮菜的制作技法与现代烹调方法相结合，创新发展了苏帮菜。尤其是刀功，基本功扎实，又得吴大师"指点迷津"，刀法越加精湛。他善于观察生活，热爱艺术，终于有一次他的"十八般刀法"得以发挥展示。一天，南林饭店接待一批日本客人，内中有一对新婚夫妇，那天宴请，田大师制作的艺术冷盆"鸳鸯戏水"惊艳四座，两只鸳鸯一公一母相随不离，色彩鲜艳、栩栩如生，意为"百年好合，钟爱一生"。日本客人对着冷盆久久不肯动筷，看了又看，夸奖此冷盆如同艺术品一样，最后被拿到他们的房间里欣赏了大半夜。

田建华师傅在制作艺术冷盆的道路上永不满足，在那只鸳鸯冷盆大获成功后，他又做了进一步改良提升，鸳鸯从平面到立体，动感十足，色彩更加强烈。还制作了一些艺术作品，如金鱼冷盆、凤凰冷盆、蝴蝶冷盆……

在餐饮界大家都知道做好冷盆靠的是刀法，片、丝、丁、块等基本刀法再配上各色花刀法，使冷菜食材入味，既要好吃，又要好看。田大师善用刀法，"刀随味定"，突出刀法的主料，辅以花色刀法副料，刀法不仅是形好看，更多是使菜好吃。他常说："做艺术冷盆要做得既好看又好吃，不是那种好看不好吃的哗众取宠的冷盆。"有一时段田大师被派往中国驻日本领事馆烧菜，又多次去东南亚各国交流厨艺，使他视野开阔，烹调技艺更上一层。

20 世纪 80 年代我在松鹤楼担任经理之职，上级领导要求我以松鹤楼厨师为主组成一个苏州烹饪代表队参加省首届"美食杯"烹饪比赛，我首先想到把田建华找来一起参赛。有人提出不同意见，说田师傅在南林饭店属外事系统不在商业系统。我力排众议，摒弃"门户之见"，把他纳入队中，果然在那次大赛上，田大师的"鸳鸯冷盆"喜获金奖！80 年代末我在市饮服公司主持工作，上面要我公司组队，代表中国参加在新加坡举行的，有 30 多个国家、地区参加的亚太地区烹饪技艺大赛，我仍然想拉田建华参赛。我曾"三顾茅庐"到南林饭店、到旅游局、到相关部门商借田师傅。组队后，光荣地代表中国队参赛的田大师不负众望，在冷盆比赛中以一款"大鹏展翅"斩获冷盆金奖。90 年代初，我已到商业局当领导，我们又一次组队，他又随队，苏州队在第四届全国大赛上获得团体金奖。在行业里田大师被称为"金牌专业户"。我则像电影导演，每每发掘演员时，田大师总是我影片中的"主角"。

人在世上走一回，难得有几个知己。在我的人生道路上，田建华师傅是我的知己，我比他大几岁，因此他见我时称我"老兄"，有时在场面上称我"领导"。我把他看作知己、兄弟。

许多年以后，我俩都到了退休年龄，我在市烹饪协会主持工作，更多精力放在"苏帮菜"传承、创新上。创办了苏帮菜大师工作室，田大师又一次被我请"出山"，成了大师工作室的主力军。我俩有时在饭桌上见面，田大师仍像以往一样不声不响。但我心知肚明，他仍在不断专注地学习人家菜品的装盆、刀功、火候、口味。把那些好的菜肴作品留在心中，借鉴自用，思考着苏帮菜的发展。他身体力行做像一个"烧饭师傅"，总喜欢在厨房里不厌其烦地制作各色各样的菜肴，把饭菜烧得更香。我曾多次在金都饭店、太仓陆渡宾馆等处见到他。他总是乐呵呵的样子，穿着白色工作服从厨房里走出来叫我"老兄"。

我知晓，他吃了一生"油腻饭"，最割舍不下的还是厨房里的那一片天地，这可是他"厨涯沙漠里"的绿洲。

花发南林

　　得知苏帮菜成为江苏省非物质文化遗产，传承人田大师出自南林饭店的时候，我心里忽然冒出一个声音：这就对了。

　　名店名厨，人杰地灵，这是顺理成章天经地义的事情。

　　在老苏州人的心目中，南林饭店意味着一种品位，一种档次，这种品位与档次当然离不开它的商业色彩，但本质上还是属于文化的。南林饭店在很长一个时期里承担着许多重要的外事接待任务，无疑与它的文化品位有密切的关系。

　　记得好多年前，我在外办老前辈王义华先生家里看到一本他的笔记本，里面密密麻麻地记着林彪叶群住在南园里大大小小的事情（当时南园是由南林饭店管理的）。说来有趣，这些文字既不是当时急匆匆的日记，也不是后来笃悠悠的追忆，而是林彪出事后他们在学习班上写下的文字，分明带有"老实交代"的意思。有两个细节我印象深刻：一是有一次王义华与几个同事一起接林彪，一边等一边议论，说这次来得突然，是不是怕就要来苏州的西哈努克住了他的南园一号楼？一是送林彪走，等他们上了火车，一个市领导叫上王义华说，来，我们也坐坐大红旗。

这本笔记提到了吴涌根，说吴涌根是怎样稀里糊涂无可奈何地被叶群相中，带到北京毛家湾帅府掌勺的。以后我才知道，吴涌根是苏州烹饪界宗师级的人物，技艺全面，功夫超群，他的苏式点心做得十分精致可口，而叶群这个超级喜欢螃蟹的"吃货"正好是个"点心控"，这一控就把吴涌根控到毛家湾。

田大师正是吴涌根的高足。

这就对了，自古名师出高徒嘛。

什么叫传承？这就是。

我和王义华先生合作写了《林彪叶群在苏州》在《姑苏晚报》上连载，不少报刊还转载了。当时我很想采访吴涌根，但没成，吴涌根就是不肯接受采访。王义华解释说，他不是搭架子，生性如此。内敛，低调，不愿多说这类往事。

见到田大师，我马上觉得吴涌根应该就是这样子的，性格，气质，做派，应该和师徒间长期耳濡目染有关，毕竟人品与菜品一样，也是可以传承的。

我注意到，田大师在回答哪些是他最拿手的菜品时，踌躇了一下，竟无以作答。然后，实诚而厚道的田大师说了一番话，十分平淡，却又十分精彩。

大意是，我做菜，无论是在饭店，还是在驻外使领馆，最重要的是要让客人满意。客人是不一样的，客人的要求也是在变化着的，让客人满意就要适应不同的客人与客人的不同要求，这是一个厨师最重要的宗旨。

兵无常法，水无常形。烹饪如战争，战争的最终目的是打赢，烹饪的最高境界是让人满意。田大师的这番话绝对是不刊之论。

忽然想起字如其人、棋如其人之类的老话，大约菜如其人也是可以成立的。

烧饭师傅

陶文瑜

南林饭店后门口有家卤菜门面，卤菜品种不是很多，数量也少，感觉去南林用餐的是正式吃饭，买卤菜是来南林搭伙的。卤菜店里的酱肉、鲜肉月饼和盐水鸭好到一流，尤其是酱肉，放在一堆卤菜中是不显山不露水的样子，好比是江湖上不露声色的高手，只是无意之中的举手投足，泄露了自己的山高水长。

不好意思，田建华先生差不多也是这个样子，一眼看去，田先生像是一个温和的中小学数学老师，谁能想到他是大半辈子在厨房里摸爬滚打的苏帮菜大师呢。一个退隐江湖的武林高手，在小镇上开爿茶馆店，武林中人过来吃讲茶，他去为大家倒茶，一边说请喝茶请喝茶，一边手指一捻，茶杯碎成粉末，你什么感觉？

按照田先生的说法，自己是个"烧饭师傅"。烧饭师傅是苏州人日常生活中，对食堂大师傅随意温暖的称呼吧。先生这么说，有点谦和，有点自得其乐。差不多功成名就的人，都是这样的招式，能够在你来我往中让人会心一笑的，是有趣的人。

我和田建华先生认识的时候，他已经是"小镇上茶馆店掌柜"了。我说，田大师，你拿手的是哪几道菜？田先生说，南林饭店之前是市政府招待所，人来客往，各式各样，我的师傅讲究要举一反三，适应大家。

我的师傅说，木匠讲究榫头匹配，来不得半点马虎，我们没有特定的标准，合大家口味，吃得开心了就是合格的厨师。

田先生如是说。

田建华先生的师傅就是吴涌根。

其实一开始我这篇文字的启发就是田建华是吴涌根的徒弟。有些人写作是炒菜，急火快手，我是炖菜，慢工细活，心里面有个想法，渐渐向前走着，走着走着，就自然地遇上吴涌根。

吴涌根是苏帮菜一等一的高手，当年陆文夫老师和他相处得投机。吴大师全面开花，点心方面更是脱颖而出自成一家。叶群来苏州尝了吴大师的点心，有点心满意足，有点意犹未尽，最后一纸调令，把吴大师送到京城，成为叶群的专职厨师。叶群喜爱点心，要吴大师去往全国各地，将有名的特色点心学回来。那时候的吴大师已经是武林高手了，再这样一回行走江湖，可谓是沧海一声笑了。

我和吴涌根大师有过几面之缘，也尝过他的厨艺。印象深刻的是一只团子，里面的馅是萝卜烧肉，我真是从来没有吃过这样有滋味的团子，就要求再吃一只。吴大师说，弟弟啊，少吃多滋味，一个人只有一只。

还是武林中的说法，比如一招白鹤亮翅，有些人张开双臂，显示出来的是脚踏实地，吴涌根这一招白鹤亮翅，是张开双臂的飞翔。

吴涌根在南林工作了几十年，田建华跟随了几十年。我想尝尝田先生的厨艺。田建华安排了自己的徒弟，大概全是南林饭店当下的大厨吧，在南林做了一桌宴席。

梅花开在梅树上。

这个句子太有意思了，我经常引用，起先还以为是古人写的，后来上网查了，却是没有查到，难道是我自己写出来的吗？

苏帮菜这棵梅树上，吴涌根开过花，后来是田建华，现在是我们面前的三个大厨，流传有序，多好啊。

灶上传奇

巧师傅

华永根

烹饪大师张子平是从著名的苏州饭店走出来的一位烹饪高手，在业界，人常称他"巧师傅张子平"。现今他已是资深中国烹饪大师、高级烹调技师、苏帮菜制作技艺第三代"非遗"传承人，可谓功成名就。但他不想"功成身退"，仍专心做菜，驰骋在江湖食道上，活跃在各种烹饪大赛美馔比拼上，旗下又招募了十多个不同凡响的弟子，那是"苏帮菜阵营"中一支强大无比的"张家军"。

如果要在现今苏城餐饮界找出一个"学霸"的话，首推的即是张子平大师了，青少年时代张子平从37中毕业，被当时苏州政府"外事组"选中，派到苏州饭店学艺。要知道在那个年代要进入外事接待部门，条件是非常苛刻的，政治上要"查三代"，学业必须拔尖，品行优秀。张子平同学因品学兼优被选中，进入了苏州饭店。进店后他学的是西餐，拜苏州西餐第一人张美康大师为师，师傅身上那股旧时厨人的兢兢业业重操守，对西餐真脉的承担这种人格魅力对他影响很大。他专心致志地学习正宗西餐，一学即十年。在这十年的西餐厨艺生涯中，一位老张、一位小张把苏州的西餐推向一个高潮，就当时流行说法，在苏州吃正宗西餐到苏州饭店。限于苏州饭店是涉外系统，一般人进不了，一些人只能望洋兴叹了。

张子平随师学到不少西餐、西点，如那时兴吃"罗宋汤""牛排""芝士蛋卷""沙拉"、各类西式糕点等。他在从事西餐烹调经历中经过多种磨难，那时饭店做西餐人手少、任务重、要求高，有时食材缺少，他拜师多年后师傅张美康退休回家，有时接待任务繁重，要求又极高，碰到此类难题，他总是做好功课拟好菜单，夜间上师傅家门，请求师傅指点。张美康大师对这位热心好学、勤学苦练、不辞劳苦的徒弟非常赞赏，悉心指导帮助，把自己多年做西餐的经验、体会、手法都教与张子平，又把自己积累的资料、菜单交给与自己心心相印的徒弟。张子平从师傅那儿得到"真经、秘籍"，随后他制作的西餐日渐成名，备受宾客赞扬。就在他纵横在西餐烹调领域中时，饭店领导要求他转入中餐岗位上去。那时苏州饭店接待国宾外宾人数多、任务重，中餐师傅人手愈发不够，饭店领导一时找不到好手师傅，只能让张大师转型，好在烹调艺术门类是相通的，张师傅本身就是在中餐环境中成长起来的，"轻车熟路"就进入中式烹调队伍中来了。

张子平大师做中式烹调在苏州饭店一干就是三十年，技艺超群、成绩斐然。他曾主持操办过接待西哈努克亲王，泰国国王、公主等元首、贵宾的国宴，受到宾客、领导表彰。一次在他的"收徒会议"上他曾拿出赞赏他菜点的多幅党政领导对他烹调的菜肴美点的题字和得到的各种嘉奖。他在接待著名社会学家费孝通时，费老为称赞他的菜点，题字"精益求精"；全国政协原副主席胡厥文在苏州疗养三十多天，张师傅每天尽心做菜，而且每天菜点不同，着实感动了胡老，老先生赠送他一副对联；江苏省委原书记江渭清为他题字"风华正茂"；等等。可见当时张子平大师中餐做得风起云涌，受人敬重。

张子平的厨艺提升靠他对做菜的专心、痴迷，另有一种"举一反三"的心灵感悟。有一段时间他借调到南京金陵饭店工作，在那里他一面工作一面专注学习南京"京苏大菜""民国小吃"的精髓，为己所用。又有一时段他被派到中国人民银行驻英国伦敦的机构工作，他结合自己从事西餐、中餐的工作经验，在英国"大施拳脚"，深得领导信任，多种招待、宴请大受欢迎，一些伦敦唐人街中国饭店寻找上门请求帮助。张师傅都毫无保留地传授中菜烹调中的一些门道，使这些在英国开设中餐饭店的大厨、老板受益匪浅。

在苏州的烹调界，大家都知道张大师为人十分低调，如果不作介绍，看张大师本人，就像街坊里隔壁家老张。退休多年，他谢顶的头上毛发稀少，额头宽大连着头顶一片"开阔地带"，细长脖子总带一些歪斜，他的颈脖有病，装有一金属板支撑着，胸前常挂着一副老花眼镜，就像战地指挥员配备着望远镜一样。有次烹调大赛他为弟子表演"蜜汁火方"时，弯着腰，戴着老花眼镜，身着白色工作服，腰围深色围布，专心摆弄着菜肴，此时的神态就像是国际友人白求恩大夫为中国战士救死扶伤。

张子平大师还是热爱读书的人，这在厨艺界很是少见。平时生活中，他不喜欢打牌、跳舞、唱歌，唯独爱读书，这是他多年养成的习惯。在苏州饭店学艺时，有任务时吃住都在饭店，闲时张子平总是看书，他在床边、桌上总堆放许多书籍，以菜谱、食俗、地方风貌居多，在这样的博览群书里寻找到自己做菜的灵感，因而他做出的菜肴、美点总让人惊叹与赞许。多年前他在苏州饭店工作时，曾有一块"美味酱方"名噪一时，吃过此肉的江苏省原省长惠浴宇一直念念不忘。张子平大师结合苏式酱方的传统烧法，肉在烧煮六成熟时取出，与上等火腿、老母鸡整合在一起，上笼蒸至酥烂，装盆时勾上原汁芡，致使此肉超凡脱俗，风味一流。惠省长多次在外地宾馆、饭店里就餐时要他们到苏州饭店学做那小鬼（首长对张子平大师的称呼）的那块肉，一时在外事系统传为佳话。

张子平大师在苏州饭店主持厨房工作后，愈加专心研究烹调技艺，他善用各式道具，加上他的西餐运刀功力，使他练就一手刀法绝技。他制作艺术冷盆，如蝴蝶冷盆、丰收冷盆等立体感强，注重色泽搭配合理，刀法清晰，立意深远、独具匠心，让人过目难忘。他创制的艺术冷盆"迎春""荷香"等注入新元素，在美食大赛好评如潮。在热菜处理上他善用一些工艺性强的小摆设与主料相配，使之突出主料，相映相配，使菜看到达"可看""好吃""有意思"的境界。在一次烹调大赛上，张大师制作了一款经典苏帮菜"胡葱野鸭"，色泽枣红，葱香扑鼻，在野鸭四周张大师别出心裁地做了多只用菜心做成的翠鸟，鸟头用虾胶，菜叶做成鸟尾，鸟身插上鲜红辣椒做成的翅膀，相伴四周，使此菜色泽鲜亮，巧夺天工，引人入胜。

张子平大师退休不久，即加入烹饪协会"大师工作室"中，在那里找到自己合适的位置，逐渐成为"旗手"。如果要评价张子平大师的话，用已故江南厨王吴涌根大师在一次大师工作室会议上的话来说："子平师傅的烹调技艺，比我还狠半只棋子，他曾学过 10 年的西餐。"当然这话吴老讲得谦虚，但还是道出老前辈对子平先生的肯定与赞许。张子平大师虽然已退休，但仍不断被人聘为美食顾问，受聘于各大饭店，指点那里的"美食江山"。他常召集徒子徒孙研究苏帮菜的过去与将来，有时带队参加省内外各类烹调大赛，更多时候他担任美食大赛裁判外加美食评说。

张子平大师专心致志于苏帮菜烹调，热爱自己的厨师事业，他把自己从艺 40 年的经验方法毫无保留地传授给他的弟子。他做菜的"巧劲"一半来自勤奋与读书思考，另一半来自他在学艺时打下的扎实基本功，俗语说熟能生巧。他常说："活到老要学到老，艺海无涯。"现今他更加关注苏帮菜的传承与创新，努力培养一批苏帮菜的接班人。他是"苏帮菜百花园"里的园丁，不辞辛劳地耕耘着，等待万紫千红、春色满园的日子。

三十天　四菜一汤不重样

常　新

那天饭桌上，大师云集，好像又是烹饪界的收徒仪式。酒桌上有人挑起了烂糊白菜的话题，那是苏帮菜经久不衰的传说。只见一颀长的瘦师傅站了起来，胸口挂着一副老花镜，细长的脖子伸了伸，扫视一周："你们先说，待会儿我来讲讲。"大概五分钟不到，他又站起来："我怕酒多，还是快点先告诉大家怎么烧吧。"一路讲来，众人静听。关节点，他说了，烂糊白菜不能烧焦，"烂糊烧焦，狗都不要吃"。

这个故事是前几天我的朋友告诉我的。这个朋友回去亦步亦趋地照着大师烧烂糊白菜的路径走，果然不同凡响弹眼落睛，虽然有几根白菜丝粘锅，但朋友说："大师的狗不吃，我们吃吃还是极好的。"

大师名叫张子平，我总觉得他教人家烧烂糊白菜，和爱因斯坦帮邻居小女孩做数学题是一样的，题目虽小，但不卖关子娓娓道来，蕴含的心法通过这些小题或小菜传达出来。

所以当张大师的徒弟是很幸运的，所以他的徒弟特别多，个个有本事，餐饮界隐然有支"张家军"。他说他吃过一度没有师父的苦，他说他要让徒弟都学到真功夫。他还说，他的徒弟都太有出息，他这个师父都要被人妒忌了。话语间，张大师透着得意。

张子平大师是见过大世面的，作为曾经的苏州饭店主厨，主持过包括西哈努克亲王在内的诸多国宾的接待，堪称苏帮菜"宫廷派"的代表。他觉得做国宴，不仅之前要做功课，了解贵宾的饮食喜好，还要善于大胆创新，在中西菜的烹制上融合，尤其是要在传统菜肴上探索。

比如红烧肉。很多人最喜欢吃肉，特别是红烧肉，张子平大师说，贵宾也喜欢吃肉，是不是很意外？但肉就是最受欢迎。但是，他的客人一般都上年纪，身边人出于健康考虑往往会"禁止"他们对大鱼大肉过分"专注"。这个时候就看张大师显本事亮功夫了。此处透露一款酱方的制作秘方：肉烧煮成六成熟时取出，整合进上等火腿、老母鸡，再上笼蒸至酥烂，装盆时只取那肉，勾上原汁。看上去只是肉，实际上是多种美味的精髓集合，看看就像晶莹剔透的宝玉，就不说筷子下去以后的感受了。这块超凡脱俗的肉于是扬名沪宁线，因为很多首长在外地饭店招待所用餐，都会关照"去苏州饭店学学小张师傅的那块肉"。

如今小张变老张，越来越喜欢琢磨。张大师喜欢读书，什么书都看，他看书都是"为了吃"。人家看故事跌宕，感受主人公的一路成长，张大师看书是找菜谱，发现菜谱，在字里行间破译菜谱的密码。一句话，他是看书中人怎么吃的，越是名著他研究得越起劲，而且还要折页留痕，过段时间再翻出来重温。他家里藏书很多，我总觉得他的书柜里会有一套普鲁斯特的《追忆似水年华》，不为别的，只为那块玛德莱娜小蛋糕。张子平的童子功是做西点。

一切绚烂都将归于平淡，张大师看中的还是过日子的家常菜。在他眼里，山珍海味也好，萝卜青菜也好，并无绚烂平淡的区别，对得起食材，就要花功夫做好。所以他会如此津津乐道地传授烂糊白菜的真经。

很多年以前，一位老首长到苏州来休息一个月，特意关照：简简单单，只要四菜一汤。出于对老人的尊敬，也为了让老人感受江南味道，张大师居然三十天里四菜一汤不重样。这应该是张大师职业生涯的巅峰之作，张大师准备把这三十天的菜谱找出来，"我当时都认真记录的，全部是家常菜。动脑筋的还是肉菜，要变花样，不能让阿姨看出来天天在吃肉"。

三十天四菜一汤不重样，这是苏帮菜不经意间的大炫技，也是张子平大师的独门"菜根谭"。

灶上传奇

亦　然

　　老苏州们闲坐说玄宗的时候，难免不说起基辛格，说起西哈努克亲王，说起诗琳通公主，都是这座古城的老朋友，说起来话里话外透着亲切。

　　苏州好哇，没来过的想来，来了就不想走，走了的还想来。最让他们惦记着的不是虎丘塔，不是拙政园，而是苏州的日子。苏州的日子绝不轰轰烈烈，苏州的日子闲适而隽永。哪怕就一块红烧肉，也让宾客放不下。红烧肉哪里没有？但见多识广的江渭清就是惦记张子平烹制的那一块，跑到无锡还对张子平的厨艺赞不绝口，赞赏之余，老人认认真真地给张子平写了一幅字。

　　苏州的魅力，贵宾们对苏州的牵记，离不开张子平这些烹饪大师的倾情奉献。

　　给张子平写字的还有胡厥文，他在苏州饭店住了三十一天，张子平为老人开了三十一天菜单，烧了三十一天菜。那真是两个人的盛会，在张子平是施展浑身才华，把苏帮菜长篇弹词一般娓娓道来，时而曲径通幽，时而异峰突起，妙手频出，精彩纷呈；在胡厥文则是如散步于山阴道上目不暇接，吴地风物，称霸味蕾，苏帮气象，蔚然成势。简直是烹饪界的一次高山流水，子期伯牙的异代重逢。诗人美食家陶文瑜提议将这三十一天的菜单精心整理出来，配上种种述评图文出版，确是绝妙金点子。

说来别人不信，苏帮菜大师张子平竟是自学成才。当然师傅也是有的，但那是西餐师傅，哪怕是十年练武，哪怕是身处苏州饭店这样接待国宾的重镇，张子平也是难有施展之地，往往只是做做早餐而已，动手半个小时就下来了。张大师不甘寂寞，暗地里悄悄改换门庭。也不声张，从杀鸡剖鱼打下手做起。也不拜师，店里的中菜同事都是自己的老师。闲时多方琢磨，忙时上灶顶阵。没多时张子平坐上了主厨助理的位置，而且，主厨把开菜单的事都交给助理做了，要知道，开菜单历来是主厨的禁地呀。

我很想集中读一读大师开出的菜单。开菜单是需要想象力的，想象力是大师必不可少的禀赋。那就与中医开药方一样，如同用兵沙场，导演春晚。胸中无丘山不行，手上无绝技也不行。好菜单开出来上合天时，下合来客，才能让同行宾服、食客赞叹，否则就贻笑大方了。

听张大师笑谈烹饪生涯才知道，他的灶上功夫是和枕上功夫连在一起的。张大师枕边不离书，多是烹饪典籍，每晚必读，难怪张子平的作品总是氤氲着书卷之气。大师问世须经多方磨砺，绝顶功夫须从砧上来，灶上来，书上来。张子平的磨砺还与苏州饭店相关：严格的外事纪律规定，每道菜的所有工序都必须由同一人亲力亲为，功劳是你的，搞砸了也是你的。这种压力与动力自是成才之道。更有甚者，这次重要接待完成得好，下次还请你披挂上阵，张子平百炼成钢。

网上检索苏帮菜大师张子平，报道众多，其中很多都是赞赏他的创新菜品，这让我思索创新二字。张子平的创新，其十年西餐功底、辗转苏帮菜各家学艺经历、书卷典籍中的百思一得，都是源头活泉啊。我颇为认同记不得谁说过的一句话：只有行业精英才有资格谈论创新。

高手在腹

陶文瑜

20 世纪 70 年代初，柬埔寨人民的友好使者西哈努克亲王要来苏州，热情好客而当时又略有点儿无所事事的苏州人民，在接驾桥和平门分别搭建了牌楼。

那年我小学一年级。

负责接待西哈努克亲王的领导从厂矿机关，抽调出一批表现良好又五官端正的男男女女，让他们穿上节日的服装，在固定的地段来来往往。

我们学校也要选拔一些同学，待西哈努克经过的时候，牵着大人的手，在路上走来走去。我们班级里的副班长也被选上了。班长说为什么不是选他？班主任说，因为他是班长，有更重要的工作啊。其实是班长长相一般，副班长更加水灵灵一点。

我是要说张子平的，西哈努克只是一个由头，一开口就刹不住，真是话痨。

西哈努克来苏州的时候，下榻在苏州饭店，张子平就是当时苏州饭店的主厨。

这是几十年前的陈年旧事了，几十年以来，坊间流传了好多关于西哈努克在苏州吃些什么的段子。我也听说过不少，比如"豆瓣肉"，塘鲤鱼的脸庞，大拇指甲一点大，俗称"豆瓣肉"。

张子平说，没有这回事情，全是常用的一些食材吧，其实当时山珍海味很少用到的。

常用的食材泛指鸡鸭鱼肉，张子平和好多我认识的苏帮菜大师一样，能够使家常便饭神采奕奕。长得像楚楚动人的明星，却是邻家女孩，这是多么美好的生活。

我们聚在一起，是说一说苏帮菜的家长里短，再听张子平介绍自己大半辈子的迎来送往。因此，看到了好多名人给张先生的题字，胡厥文、费孝通等，现在惜墨如金的人多，从前的交往更加地道。

我问张先生，这一些客人最欢喜你的什么菜品？

肉，张先生说，酱方。

小锅操作一块两块酱方是烧不出滋味的，张子平烹饪酱方，先是把肉烧至六成熟，再将方肉和老母鸡、火腿一起扣在砂锅里蒸，将熟未熟了，再把肉单独取出来加工。

老先生们尝了张子平的手艺说好，再去到其他地方，还有点责备那里的厨师，你们怎么烧不出来苏州那个味道的酱方呢？

我曾经在苏帮菜宴上吃到过一道酱方蜜汁火方双拼。看上去品相好，吃起来味道好，我吃过无数酱方，和这一次一比，那些酱方简直就是普通的红烧肉而已了。

这应该是有一点张子平的意思，但当时我们还不熟。

一开始张子平学的是西餐，差不多十来年吧，应该已经可以七七八八独当一面了，却对苏帮菜有了兴致，这时候和他一起入行的已经是厨房间里崭露头角的小师傅了，张子平从头做起，从拣菜洗菜到切菜配菜，再上煤炉，又花了好几年。而这样踏实的实践，成全了他。

我在宜兴听说了顾景舟的故事，说是其他师傅收徒弟，已经在教授和泥打坯了，他在教打磨竹刀工具，人家已经着手做壶了，他却反复让自己的徒弟和泥打坯。有道理的。

现在张子平的徒弟好多也是宾馆饭店的中坚人物了，有时候吃饭，遇上似曾相识的烹饪，问起来历，大厨说，他师傅是张子平。我已经不在江湖，但江湖上还流传着我的传说，差不多是这个意思吧。

高手在腹是一句棋谚，说是边角有许多定式好用，高手只有在经营中腹时才更加能体现出自己的构思和才华。而我这里的腹，就是肚皮。

陈小鹅馄饨

·
·

喜子一家

汪长根

喜子，大名叫张喜，喜子是媳妇对他的昵称。

喜子的媳妇叫陈晓，只是现在家里家外全叫她陈小鹅。

十多年前的 2005 年 5 月，30 岁刚出头的小两口自主创业，在石路美食街开了家名叫"苏嘉禾鹅汤馆"的小饭馆，楼上楼下也就是两开间门面。别看店不大，名气倒不小。喜子是高级厨师，善烹鹅，主打"全鹅宴"，什么鹅排、鹅翅、鹅块、老鹅煲，五花八门，尤其那个精心熬制的"老鹅汤"，竟倾倒了许多食客，一时名声大震，以至客人不排队常常吃不上这佳肴。热心墨客为此书上一联："喜得甘露嘉禾黄，晓以本然鹅汤青。"

从此，这陈晓便成了"陈小鹅"，并注册了商标。张喜依然在默默无闻地研究他的"全鹅宴"，倒是陈晓出名了，成了区里的创业明星。

在陈晓心里，"俺就是张师傅的媳妇，大事都是由喜子做主。"在张喜心里，"陈晓就是老板，饭店虽小，怎么开法？都由老板说了算。"但明眼人清楚，两人形影不离，妇唱夫随，"女主外，男主内"。

2015年4月，小两口一合计，把红红火火的"苏嘉禾"转手了，在山塘街品味坊小巷深处觅得了一处小院，没怎么装饰就开张了。人家越开越大，他家的店却越开越小，菜品却越来越精致。这小院，也就能容纳十来人，主要经营点心，主打鹅汤馄饨。至于这鹅汤的烹法，喜子对此还有点神秘兮兮，反正是特供的鲜鹅，放在特别的大锅内，放点什么辅料，他不说，时而密封，时而旺火烧沸，时而文火慢煨，得恰到好处。总之，香味扑鼻，汤汁浓郁可口。于是，品味鹅汤馄饨成了食客、游客游玩山塘街的一道风景。

陈晓在朋友圈写道：

"昨天晚上，小院第一次来了这么多国外友人，有瑞典的、印度的、美国的、芬兰的，还有英国的，等等。哈哈，好多好多国家的，还都是美食家哎。我用山泉水给大家泡茶，他们都说：That's good！"

"煮着老茶，听着评弹，品着美食，我说，不论国度，不管年龄，和一群高智商、高情商，还有高颜值的朋友在一起，那样的感觉真的非常开心"，"斯是陋室，你我德馨"。

"今晚订桌开餐前，每人先尝汤团，我蹭到了一只萝卜丝馅的，美味照旧。嘻嘻，吃到一半，'上帝'来了，我饿着肚子忙到收工，喜子赏了一碗奥卤大肠面，一身疲惫全扫光。上海复旦大学陈果教授说，人活着有两个终极目标，一个是让自己快乐，另一个是尽自己的能力让更多的人快乐。现在陈小鹅的日子过得真心萌萌哒。"

自从到了山塘街，喜子和他的媳妇真是喜事不断，那脸上总是写着微笑，向人们诉说着勤俭、甜美、热情、真诚和满足。

2016 年、2017 年，姑苏区连续两年举办"冬至大如年"馄饨、汤团大赛，参赛的单位多是苏州城里赫赫有名的"老字号"，"陈小鹅"鹅汤馄饨居然两次拔得头筹，分别获得了 2016 年馄饨第一和 2017 年汤团第一，并被食客称为"状元馄饨"。

有位多年从事餐饮点心制作的师傅似乎有点"嫉妒"，又有点羞愧，现场揣摩了许久，会意地表示称赞。面对金灿灿的奖牌和领导的接见，喜子和他媳妇欢喜若狂，陈晓连夜发出了两条微信：

"哇，不会吧，汤团我们也能进十佳啊，真正出人意料，万分惊喜。陈小鹅人品大爆发，我今晚要抱着这块牌牌睡觉了，喜子靠边。"

"忽然发现，以美食为天，貌似是件幸福的事，惹得天下吃货尽开颜。为人民服务不一定卖飞机，卖馄饨卖汤团，人生也完美。"

不过，从开小饭馆到开点心店，十几年过去了，喜子和他媳妇尽管仍然是一家"夫妻老婆店"，但看得出来，他们对自己的事业非常满足。他们感觉不是两个人在创业，似乎来自四面八方的朋友都在陪伴自己；他们感觉艰辛创业不仅仅带来了物质成果，还有比物质成果更重要的快乐和价值体现。

只是十几年过去了，喜子和他媳妇心头都有一个"梦"，两口子常常为筑"梦"善意地讨论不休，烦恼并快乐着。

喜子梦想成为一名真正的大厨，可以一门心思地研究开发自己所钟爱的新菜，直至成为这个行业的"大咖"人物，他的媳妇不再像个营销师四处奔波，真正成为一名"老板"，把握方向和大局。喜子还梦想有舒适的创业环境和营业环境，把小院打扮得更加美丽些，更加温馨些。毕竟太沧桑了：年久失修，因陋就简，发黄的墙斑驳脱落，瓦不挡风雨，墙脚还时时露出一些青苔，实在与时代不大合拍。

陈小鹅则说，自己没有想好怎么做。沧桑也好，破旧也罢，见仁见智，有人称之为落后，有人偏偏觉得这有"文化"，就是青睐这种感觉和气息，住惯了高楼大厦，还是要这种亲近自然和原生态。你看，暮色降临，晚风乍起，点几支蜡烛，围坐一起，谈天说地，品茗喝茶吃点心，讲究的是情调。小院虽小，却是信息中心、交流平台，带来滚滚生意。只有大专文化程度的陈晓还颇有文艺腔调。

喜子和他的媳妇常常面带笑容讨论发展，谋划未来人生，相信明天会更好。

喜子鹅宴

华永根

张喜是一名出色的厨师，熟悉他的人都叫他"喜子"。他白皙肤色，灵动眼神，细长身段，粗看上一眼，倒像是一个旧时的"读书相公"。

十八岁那年他从烹校毕业后进入饮食社会，辗转于私人会所、酒家、宾馆成为职业厨师。他不求名、不求利，但求技艺提升，使着性子钻研烹饪业务，空余时间勤读菜谱，又喜丹青，才艺出众。多年前他辞去高职，与妻子在苏城石路开了"鹅汤馆"，生意红火，过着传统"夫妻老婆店"的生活。喜子善做鹅菜，又钻研技艺，一门心思躲在厨房烧菜，整日想着法儿变换菜品。那鹅在他手上加工如同"庖丁解牛"，分割各个部位，鹅头、脖颈、鹅翅、鹅掌、鹅肉及内脏等都能做成佳肴。为了避免菜品口味雷同，使用多种调味及不同火候烹制，这些鹅菜形成了"一菜一品，一碗一性"的格局。宾客纷至沓来，应运而生的"鹅宴"因风味独特、制作精良不胫而走，成为老饕追逐的目标。

就在石路"鹅汤馆"生意如日中天的时候，夫妻俩转身出让此店，搬至山塘一隅开一家"陈小鹅"品味坊馄饨店，那是一家一户小店，一个小院落仅可坐十来人。可那儿出品鹅汤馄饨、状元汤团、甜品等小吃品种，深受居民游客喜爱，成了山塘街著名的网红店，引领着山塘街小吃的风向，为苏州的小吃添分加码。

熟悉喜子的人都知他为人诚恳，做事认真，诚信经营，他的店开到哪儿，总有一批食客寻味而来，他的手艺召唤着人，他的鹅菜鹅点迷倒一批人。喜子为了"鼎火之艺"，不愿多做生意，总让自己静心做菜，不求量、只求质，因而他的"鹅宴"每天只做一桌。菜品全看当天采购的新鲜原材料而定，鲜鹅是特供品种。

苏州本是水乡泽国，"太湖鹅"为最优良品种，有着悠久的饲养历史。吴地饮食史上炙鹅、云林鹅、胭脂鹅，传统的燻鹅、糟鹅，家常的盐水鹅、红烧鹅、鹅血汤都已成经典。喜子的鹅宴在继承传统的基础上又有创新。今日我被邀去品吃的"鹅宴"是一个老友一星期前预订的，我们在他家山塘品味坊二楼聚吃，狭小房间里仅放一只小圆台，七八个人坐下来已满满的了。

"鹅宴"前菜为六只冷菜，最先进入我眼帘的是盆燻鹅，盆旁边用白萝卜雕着一只白鹅，那橘红鹅嘴用胡萝卜配制而成，那白鹅未作精雕细磨，却有着"振翅欲飞"的神韵，看得出制作者具有一定的艺术功底。而那盆燻鹅香味撩人，口味平和鲜洁；另一盆虾子燻青鱼，鱼肉虾子红白相间，吃上一块鲜味直达心头，家常炒酱、鹅油拌水芹，清淡鲜香的味道，满是苏州人偏爱的口感。

首先登场的主菜是他家的"看家菜"，鸽蛋老鹅汤，说是汤实为菜，满满当当鹅块肉，四周排列洁白鸽蛋，端上桌时那砂锅里鹅汤仍在上下翻滚，顿时满屋鹅香暗流。此老鹅汤熬制四五个小时，汤鲜、肉嫩、蛋腴，老老实实的做法，打动在座每一个吃客。接着上桌的是两只蒸菜，喜子原籍常熟，家乡美味一直伴随着他成长，也影响催促他的手艺提升，菜中的蛋饺、腊肉、爆鱼是他亲手制作，刀功细致，排列整齐，汤清物美，蒸出了一番鲜美的"新天地"。那碗青鱼籴糟吸引着食客的目光，垫底是去根黄豆芽，豆芽清香相扶着鱼块糟香，鲜香跃动，我吃上一口真感回味悠久，滋味隽永。鹅宴压轴大菜为一大碗鹅汤馄饨，乃此店当家菜。虽说是馄饨却似汤、似菜、似点，那大碗盆中，鹅汤上面飘着金黄鹅油，汤里面有鹅肉块、扁尖丝、鹅血等，加上荠菜馄饨满满一大碗，那馄饨洁白皮子，透着绿油油馅心，馅心里除荠菜外，还加入猪肉、鹅肉，光鲜油亮，色泽诱人，真有大美不言的感觉。最后喜子送上一盆两面黄，加上虾丝浇头，吃得大家称心满意。

喜子烹制这桌"鹅宴"，没有任何高档食材，道数也不多，看似平常，但他是用心来做的。这种吃食，在平淡中，诠释经典美味是他的追求。他怀着一颗平常心，安然于山塘小巷，在岁月的时光里守望着那些平常的苏州美食，过着自己欢喜的厨艺生涯。他有现在，还会有将来。

临出门时我与喜子约定，下次再来山塘吃一碗白粥、一碟咸菜，再啃一只爤味的鹅掌……

喜子与陈小鹅

亦 然

喜子叫张喜，陈小鹅叫陈晓。陈小鹅其实是食客们送给他俩的名字，他们的品牌浑然天成。

喜子与陈小鹅真的像从不知哪首城市民谣里跑出来的一对。

喜子每当聊到自己感兴趣的话题就十分兴奋，比如烹饪，比如书画，比如鹅。

说起烹饪，说起一个好厨师的基本功，喜子说着说着就站起来，手舞足蹈起来，左手该怎样颠锅，右手该怎样掌勺，还有脚，右脚该如何控制煤气灶的火候。只见力道从脚跟那儿传来，经过腿，经过腰，传到大臂、手腕，柔和、有力，有强烈的韵律感，那不啻是一种合理协调的全身运动，更是一只美感十足的舞蹈。对于喜子来说，烹饪首先是他的爱好，然后才是职业。

陈小鹅就在一边看着喜子笑，这是喜子最有光彩的时刻。在许多人眼里，喜子不爱说话，不爱交际。陈小鹅知道，那不是真正的喜子。

其实喜子最初的爱好是书画，不是烹饪。父亲觉得还是学一门实用的手艺好。谋生的手艺变成了爱做的事情，这是上帝的恩赐。喜子在上海等地的烹饪江湖上闯荡一番之后自立门户，石路美食街曾经火了十年的鹅汤馆就是他们的杰作。

然后，就有了山塘街上陈小鹅的私家秘制式的全鹅宴与游客打卡式的鹅汤馄饨，尽管其中有那么一点退隐江湖的意思，但陈小鹅的鹅汤馄饨仍然成为颇有号召力的网红。

于是惊动了苏帮菜盟主华永根和诗人美食家陶文瑜，华盟主的四字评价我一直琢磨到今天：恰到好处——平淡而又耐人寻味，也许他仅仅是对烹饪技艺和境界的品评，但恰好也是对这一对年轻人生存状态的认同。陶老师的评语也是四字：菜如其人，另外还有四字注释：文气，安静。的确，能让人从菜品联想到人品的厨师，无疑都是此中高手了。

在陈小鹅眼里，喜子各色而率性，数落喜子的时候其实更是夸奖喜子的时候。有一件事特别好玩，说喜子有一天突发奇想，要专门做食雕，大约想把自己烹饪与绘画这两大爱好结合在一起，为苏州众多餐饮店的冷盘做大规模的专业服务。喜子为这个绝妙的创意而兴奋、激动，想到就做，申办公司，物色门面，采购了一大堆南瓜、西瓜，一门心思雕刻起来。没想到臆想中的市场一直没火，它沉默着，不为所动。没几天，南瓜上雕好的那些鹅呀、马呀失去光泽了，枯了，没雕的那堆南瓜、西瓜也开始烂了。市场反馈终于回来了，人家店里的冷盘师傅一般都会这一手，不需要专门采购食雕。

喜子明白了，也就放下了。倒没有什么挫折感，接下来该干吗干吗。这与《世说新语》上的魏晋人物颇为神似，王子猷雪夜访戴，乘兴而行，兴尽而归。何必见戴？是啊，想过了，做过了，尽兴了就好，何必一定要做成？

陈小鹅不说自己，其实除了喜子的想法与雕刻之外，其他种种事务都是她在做。他俩就是这样，喜子专心琢磨鹅菜厨艺，其他的事陈小鹅包圆了。包圆的还有她的美容店和安吉的一方茶园。当然埋怨总会有的，但喜子不吵，他会喃喃自语似的说，你别逼我。最终还是应了华盟主的那句评价，恰到好处。

这对从常熟辛庄出来闯荡的年轻人对鹅情有独钟，鹅菜是家乡的传统，他们把这个传统脱胎换骨发挥到极致，让食客们赞叹，让业内人惊喜。

喜子开始画鹅了，宣纸上的水墨大鹅简洁生动。陈小鹅也在画鹅，彩色的。她茶室墙上挂着的一对鹅俏皮得很，雄鹅高昂着头，戴着佐罗的眼罩，雌鹅依偎着，还挂着小辫子。茶室一侧放着一架古琴，室内似乎隐隐荡漾着一曲《凤求凰》。

馄饨的三个困惑

常　新

馄饨和饺子怎么区别？

这是一个困扰我多年的问题。虽然凭直观直觉，每个中国人都能直接分清楚谁是饺子谁是馄饨，当然包括我，但是深究一下，这个问题其实超难。小时候我问我妈，我妈给出的答案是：一个是面粉包的，一个是皮子裹的；饺子皮是自己在家先要用面粉和成面团再擀成饺子皮，而馄饨皮子要到外面粮店里去买；饺子皮是圆的，馄饨皮是方的。

最近看到一个网上段子，回答这道难题简洁而且精彩：

一个外国人说，馄饨和饺子其实没有区别，只是一个在早上吃，一个在晚上吃。另一个外国人说，我在中国待了三年，可以很明确地告诉你，饺子和馄饨没有区别，就是一个论斤卖，一个论碗卖！第三个外国人说了，饺子蘸着吃，馄饨就着汤吃。

这几位外国友人都可以说是中国通了。如果当时我在场，我会说，饺子用筷子，馄饨用勺子。

馄饨的 N 种叫法。

祖国各地尤其是北方大多称馄饨，到了南方，称呼那就百花齐放千姿百态了。四川称"抄手"，有没有"牵起你的手"

的意思不知道，但"红油抄手"的地位在吃货心目中不可替代。江西称"清汤"，看来是重汤的。安徽称"包袱"，说的是形状。湖北大多数地区称"包面"，武汉干脆叫水饺，把北方的水饺叫饺子，如果你听到一个武汉人说他要吃水饺，那碗里的绝对是馄饨。福建称馄饨为"扁食"，实际上很多福建人称饺子也是扁食。看看吧，到底有多少人像我一样搞不清馄饨和饺子。

江南尤其是苏浙沪，那就是馄饨的大本营了。这里喜欢带汤吃，于是馄饨有了独立的风格，和重馅料的北方饺子拉开了区分度。馄饨一般用水煮熟，随后放入鸡汤、肉汤或者骨头汤做成的汤料中，食用时还会根据个人喜好滴入香油或酱油，考究的还要放点鸡丝和蛋皮。

广东的"云吞"应该就是"馄饨"的粤语发音，英语、日语也发"云吞"音。由此可见，走南闯北的广东人在全球各地对中华料理做了多么卓有成效地推广。

据很靠谱的考证，馄饨最早是被叫作"混沌"的，是不是有点盘古打破混沌开天辟地的意思？如此看来，馄饨在中国餐饮界的地位不低，后世将它逐渐视为小吃、点心，不是馄饨沦落了，而是越来越接地气了。

馄饨有多好吃？

"北方饺子南方面""冬至馄饨夏至面""上马饺子下马

面"，面，终于加入馄饨和饺子的纠缠不清。还是要说到勤劳智慧的广东人，他们发明了云吞面，创造性地对馄饨（包括饺子）和面进行了融会贯通，既精致营养又经济实惠，让普通百姓在果腹的同时得到了舌尖上的满足。

在苏州人看来，云吞面里的云吞，实际上是面的浇头。面浇头，那是苏州人的最爱了，历代苏州人对浇头和面汤矢志不渝地追求，成就了苏式面的独树一帜。

于是，苏州吃馄饨开始吃出花样。如果说泡泡馄饨吃的是形状，铁棍馄饨吃的是筋道，鹅汤馄饨吃的就是馅、浇头和高汤了。

山塘街有家陈小鹅馄饨，外地客常常拿着手机对着电子地图去寻找。不知道这次外国人是说"来一碗"呢，还是"称两斤"？

鹅鹅鹅的鹅

陶文瑜

苏州烹饪学会在三元美术馆办了一次书画展，全是苏州地面上大小饭店里当家厨师的作品。一笔丹青风生水起，其中不少厨师，厨艺一流，拿手的一道菜，相当于画家的代表作吧，他们一些红烧白笃，就是画家的画马画虾。

张喜的老婆叫张喜“喜子”，这样称呼很情义，也有点民歌。

我问张喜怎么没有去参加展览？张喜说，我不知道啊。

在山塘街上开了一爿陈小鹅馄饨，张喜还有一手烹饪老鹅的独门功夫，夫妻两个从常熟来苏州闯江湖，独树一帜的品牌，加上自己的诚恳和努力，有了不俗的名声和成绩。他们没有加入苏州烹饪学会，单打独斗的样子，差不多像当年正规军系列之外的游击队，所以也没有人邀请张喜参加展览。

张喜的老乡和我关系好，要我约一些朋友去尝尝陈小鹅馄饨，我约了我的老领导薛亦然先生和苏州烹饪学会的老会长华永根先生。华先生在苏州烹饪界声名赫赫，张喜收藏了他好几本烹饪专著，一见之下真的十分激动。华先生也是和当年的党代表似的，微笑地握着张喜的手，言下之意仿佛说，组织来看你了，组织没有忘记你啊。

说实在的，专题太强的吃喝我不喜欢。有一年参加一个名为“百鸡宴”的饭局，似乎层出不穷，却是万变不离其宗，最后留下来的，全是鸡的滋味。孙悟空有七十二变，本质上全是虚晃一枪。而张喜的烹饪令我耳目一新。

说是全鹅宴，实在只有三道菜和鹅有关。冷菜中的熝鹅，熯鹅是常熟品牌，跟南京人做盐水鸭似的，南京大小饭店鱼龙混杂，但是一道盐水鸭家家都是力透纸背的好。张喜的熯鹅自有常熟的民间风情，加入了他身为厨师的职业风范，是地道的雅俗共赏。炒菜是一道时件大蒜，家常的朴素和踏实。最后是老鹅血汤，老鹅血汤是这一桌上的压轴大菜，却声色不露的样子，像是德高望重而又平易近人的领导。

不知不觉地开始，意犹未尽地结束，这应该是最好的饭局了。

绘画中有个专业术语叫留白，懂得留白的画家心知肚明留白其实比画出来更难把握，也是更有境界吧。张喜是书画爱好者，烹饪全鹅宴，却将书画中的道理用在厨房里，融会贯通说的就是这个意思了。

鹅鹅鹅，曲项向天歌。白毛浮绿水，红掌拨清波。

和许多孩子一样，我也是刚说话的时候，就学会了背诵这一首小诗。最初也是有一搭没一搭地学文化背古诗吧，现在大半辈子过去了，突然明白过来，人生能自由自在地歌唱，并且散淡而快活、知足常乐地活着，多好啊。

好的厨师能够让吃客酒足饭饱之后还若有所思，比如张喜。

常熟蒸菜

厨人张建中

华永根

张建中大师是常熟烹饪界的领军人物，他在烹饪界名声显赫，烹饪行业中不管多少头衔，他都拥有，资深中国烹饪大师，国家级评委，旅游饭店五星大厨，餐饮业高级技师，苏帮菜十大宗师，常熟蒸菜非遗传承人，等等。前几年我看到张大师自篆一枚闲章，称自己为"虞山厨人"，我被此闲章感动，观其章，颇有汉印秦风，字意耐人寻味，鼎鼎有名的大师，自谦为普通厨人，可见其平和心态，淡泊明志，志在千里的情怀。

张大师在餐饮江湖上，其雅号为"虞山厨神"，送此雅号者不是别人，乃是吴地著名书画家王锡麒先生，著名的苏帮菜美食鉴赏家。一次我与王先生同桌品茗，说起常熟张建中大师，王老师多次品尝过张大师制作的菜肴，对张建中大师出神入化的常熟菜肴大加赞赏，称张建中大师乃"厨神"也，随后此称号在江湖上不胫而走。

张大师为人低调，平时不善交际应酬，甘于寂寞，除了专心致志做菜外，空余时间都用来安心读书、绘画写字、篆刻，书画印章他从小就欢喜，他的书画印章随年龄增长，已达到专业的水平。他写得一手好字，铁划银钩，力透纸背，他又善画花鸟，笔墨生动，神韵兼备，他刻的印章，布局精到，朱白天成。平时张大师总说"艺术是相通的"，又能互为补充提高。张大师熟读古菜谱，他尤爱常熟人撰写的菜谱，如毛荣食谱，李公耳、时希圣等人的菜谱，从中汲取营养。他平时注重收集常熟名人书籍及常熟地域历史掌故，阅读后从中找到菜肴创作的灵感，又提升自身饮食文化的素养，张大师把书画中得到的技能结合烹饪技法，制作出瑰丽多彩、口感丰富的菜肴，从他身上呈现出书、画、印、食四个方面的技能，是一个在厨道、艺道疾步奋进的人。

张建中大师是常熟梅李人，17 岁初中毕业后，即步入烹饪行业，他参加工作后勤学苦练，打下扎实烹饪基本功，加上饮食行业名厨指点，技艺进步神速，他天资聪明，对烹饪行业尤为热爱，在他身上总看到有一股巧劲，那做菜巧劲都来源于他平时好学、钻研。他去常熟"山景园"学习烹饪技艺时，整整记写了一大堆笔记，把前辈师傅做菜技法完整记录下来，即便有些菜都学会了，他还时不时进一步细读品研，温故而知新，掌握要点，融会贯通，发扬光大。他在梅里饭店工作多年后，被调到常熟市虞城大酒店担任总厨。星级大饭店的厨师生涯，使他的厨艺又有一次飞跃，在那里他曾主持接待过重要国宾，多次开展过星级宾馆大厨交流及烹饪大赛，恢复研发出一大批常熟特色菜肴，造就了"吃在虞城"的好名声。

80 年代张建中大师厨艺已达高峰，他在多次重大的烹饪大赛中获金奖，尤其是张大师制作的"飞燕迎春"工艺冷盆，在 1983 年获全国烹饪大赛银奖，1988 年此冷菜在全省烹饪大赛中喜获金奖。此冷菜技法独特，色泽艳丽，刀功精湛，韵意深悠，一只硕大长方形的盘，右首下堆砌山石花竹，盘面中央，一高一低，飞起两只春燕，动感十足，技惊四座。但其中奥妙和辛苦只有张大师知道。张大师为此冷菜试做 60 多次，灵感来源于他的书画章法，包括色泽搭配，意境诗意，布局留白。在随后多年的各种烹饪大赛中张建中大师制作的"兰花蟹黄稀露笋""双味虎皮肉""出骨刀鱼球""翁府神仙鸭"等获奖无数。这些菜肴都被收编到"中国名菜大典"，江苏、苏州名菜谱中。另有一些菜点被录制在央视"舌尖上的中国""味道"栏目中播出。

　　张大师在餐饮行业中是一位受人尊敬的大师，一次在苏州烹饪协会的年会上，苏州一位资深大厨拉着张建中大师的手说："我样样比你强，只有一样比不过你。"张大师低着头，谦虚问道："你还有什么比不过我呀？"那位德高望重的大师说："你有一双灵巧的手，我比不过你。"说完两人哈哈大笑起来。张大师一直是我敬佩的人。他的人品厨德厨艺，一直为人称道，我在餐饮行业中，跌打滚爬已有近50年，在苏州在全省乃至全国阅人无数，像张大师身怀绝技，技艺超群，德才兼备这样的当代厨师不多，他的技艺厨涯影响力与日俱增，如当下张大师主持研发的常熟菜，声名鹊起，许多江浙、上海、北京等地食客都慕名前去品尝，都感叹张建中大师领衔制作的常熟蒸菜不同凡响。有一时段张建中大师闭门不出，潜心研究常熟蒸菜的提升，他把自己家乡梅李蒸菜的技法加以运用升华，又把在星级宾馆中菜肴制作的精致刀法改良发扬，把在外看到学到的菜肴变化举一反三，选出近百种菜点，结合运用食材的时令、营养、色泽、装盆等要素，提升改良常熟蒸菜，推向市场后大受欢迎。张大师对常熟蒸菜的贡献是有目共睹的，虽然他现已退休，但不忘初心，热衷于常熟菜传承与创新，难能可贵的是他还奋战在厨灶第一线。

大师自有大师的风范，他除了博采众长，推陈出新，做好常熟的特色菜肴外，还积极开展传帮带，传授烹饪技艺。如今他的弟子众多，有的在宾馆、饭店当上总厨，有的成为烹饪职业学校的老师，有的自立门户当上酒店老板，这些弟子在常熟餐饮界已成为出类拔萃的人物，但张大师从不夸耀"名师出高徒"，而常说："青出于蓝而胜于蓝。"真可谓"桃李不言，下自成蹊"。

张大师自认是"虞山厨人"，忠于职守，书画家王锡麒称他为"虞山厨神"，颇有"英雄惜英雄"之感，但在我心中，张建中大师另有一称呼，为"常熟蒸菜之父"。

刀　功

亦　然

过去人夸厨师手艺高强，会说"是一把好铲子"，说的是厨师手中那把炒菜铲神出鬼没。但夸奖常熟蒸菜厨师，你得夸他刀功好。

刀功，在蒸菜烹饪技艺中享有崇高地位。我想，这可能是由于蒸菜技艺的特殊性形成的特色。一般说来，蒸菜不需要让各种食材在油锅里颠三倒四地反复翻炒，可以完美地展示细腻刀功带来的食材形体上的各种美轮美奂，于是蒸菜的刀功可以发展到极致。正如有个电视片的旁白：刀工不仅能够创造菜肴的奇迹，有时候它甚至就是菜肴本身。

张建中大师的精湛刀功正是最好的例证。他17岁进入蒸菜之门，就是从刀功入手，直刀、推刀、拉刀……各种刀法的习得都必须伴随艰苦的付出，师傅交给他一整只火腿，让他剔骨切丝，一天得切20斤肉丝。梅花香从苦寒出，大师的诞生从来不会是偶然的。

大师的作品赏心悦目，菜肴不仅味美，形亦美，每一道菜刚一上桌，都伴随着一阵赞叹，都要等大家尽情拍照之后才舍得动筷子。这时候，吃，已经失去了它原初的意思，成了纯粹的审美活动。

大师本人则是和颜悦色的，与文朋画友们说说书法，谈谈绘画。也对，刀功对他们来说只是一个说法而已，没什么好交流的。隔行如隔山，他们不懂。

我懂。我知道刀功意味着什么，我在刀功上真的下过功夫。

我年轻时曾在农村供销社厮混过，无聊时到处游荡，也经常往茶食加工间跑，看他们烘脆饼、煎馓子、切云片糕。有一日忽然对切云片糕好奇手痒，就试着切了一回，就知道那几位老师傅不是闹着玩儿的，一块糕，100片，99刀下去，力道如一，厚薄如一，整个过程不动声色一气呵成。我特意试过一位老师傅，嚓嚓嚓一块切完，老师傅有点不好意思地说，最后一片薄了。数一数，正好 100 片，片片如一，不粘不连。

当时我信奉艺不压身，就练了一阵子，手上功夫渐长，然后老师傅也就点头认可了，然后，我就受用了大半辈子。特别是每年除夕忙团圆饭的时候，冷盘总是我做，因为我刀功了得啊，萝卜丝、百叶丝、生姜丝、海蜇丝，丝丝撩人。加上摆盘时要点花样，一端上来就是一个碰头彩。其他菜我就不操心了，一招鲜，吃遍天。

当然，这些都只是我的心理活动。这点经历是够不上与张大师交流的，但这并不影响我浮想联翩。我确信，这点经历可以让我更生动地理解大师，也更深刻地欣赏蒸菜。

寻得险远的风景固然难得，出自家常的绝技更为可贵。最豪奢的炫技往往来自最朴素的技能，从技术到艺术似乎只隔着难以捅破的一层纸，其实其间山重水复路途遥远。常熟蒸菜来自民间，其刀法亦从百姓灶头走出，走上烹饪江湖的红地毯，走上喝彩声顿起的皇皇殿堂，张大师和他的同伴们的功劳伟哉大矣！

初夏之味

朱红梅

初夏真是好时节。

小满刚刚过，那么多的时令蔬果，活色生香：桑葚、青梅、樱桃、枇杷、杨梅……按部就班地迎合着口腹之欲，挑起季节性的味蕾狂欢。

而今夏与常熟蒸菜的相遇实在是意外的收获。

如果说吃吃喝喝是纯物欲的，那常熟蒸菜所带来的远不止于此，它还是审美的、精神的。

张建中师傅奉上的一桌好菜，不仅要用嘴巴去尝，还要用心去品。之后回味起来，觉得像看了一出"好戏"。这么说并非夸张，常熟蒸菜的卖相之好，已然不用赘述。张师傅的刀工和摆盘，早就被精通"舌尖上"趣味的陈晓卿相中，在他的《风味人间》一展所长；而在 2016 年湖南卫视《天天向上》"中国蒸菜之乡"的 PK 中，张建中和另外两位"常熟蒸菜"传承人代表常熟出战，与对手相比，常熟蒸菜选料更为讲究，刀工更加精致细腻，已经是公论。

这一点也不奇怪，菜品与做菜之人总是休戚相关的。一双擅长丹青的妙手，做出来的菜必然是活色生香的。

苏州人总是傲娇地强调不时不食，其实也是得益于苏州的四季分明，鱼米之乡的各类食材丰足，一年四季不愁没吃的。常熟蒸菜更是得天独厚，取自本地时令食材，讲究原汁原味，崇尚食物本真之味；再者，蒸菜在造型的艺术性追求方面有着充分的施展空间。与其说是单纯的一道菜，不如称之为可以吃的艺术品——因为它的艺术化和个人趣味是那么明显，这样的色香味绝不是一次性消费，人们在吞咽的同时，也接受了蕴含其中的世界观。

　　谈吃，我实在无意于班门弄斧，因为所见所知都有限。但每个人都会有属于自己的食物记忆。那大概是后天形成却似乎深植于基因的饮食DNA。无论富贵贫瘠，每个小孩子心目中都会有几样忘不掉的童年美食，以至于人到中年了，仍孜孜以求跟从前一样的味道。就拿我自己来说，盛夏的清蒸童子鸡，过年才吃的油炸排骨……这些都是记忆中金不换的美味。但说实话，鸡肉和排骨现在都是饭桌上的常见菜，我也很多年没有吃到记忆中的味道了；倒是从小常吃的菜粥，因为自制的菜干和豆干难觅，现在偶尔吃到，觉得别有风味。原来味蕾也是怀旧的，可又不那么简单。就像电影《小森林》里的女主人公市子，简单甚至简陋的食材，加上妈妈传授的烹煮方法，吃起来仍然津津有味。电影通篇在讲吃的，做吃的，和通过劳作获得吃的，但看电影的人却觉得那就是生活，并且活得相当认真、卖力，脚踏实地。

我没有从《小森林》学会做任何一样吃食，但好像是从那时候开始，我对找回记忆中的味道发生了一点兴趣，并且身体力行，从妈妈那里学会了煮菜粥。馋的时候煮一锅，的确是能杀掉馋虫的。

夏至未至，本周末的苏州雾气萦绕，扑面而来的似乎是梅雨的气息。我躺在沙发上，第 N 次回看电影《小森林》。市子在厨房忙忙碌碌做酒酿的样子让人着迷，看见她心满意足地喝下酒酿，我口舌生津，很自然地联想到了张师傅的常熟蒸菜。

心里颇有几分悠哉和笃定，也隐约嗅到些鸡汤的鲜味——余生很长，不必慌张。

蒸菜闲话

陶 立

常熟的蒸菜研究中心我去过三趟，第一次是刚开业，第二次是王锡麒老师的八十大寿，第三次是听张建中大师说自己的蒸菜生涯。

王锡麒老师是个画家，画图的空闲喜欢吃吃喝喝，从小到大，一吃就吃了几十年。所以在我心里王老还是个美食家，我习惯跟在他后面吃，他对常熟的蒸菜一向很推崇，说是蒸菜没有那么显山露水，显得细致而又温润。

在王老即将过八十大寿的时候，大家都说选在哪里过，最后还是王老自己拍板，说就定在蒸菜研究中心吧。我问为什么？他说一个好的菜馆肯定是有大师坐镇的，即使不用大师亲自下厨，也需要他把关每一道菜的好坏，这家馆子有张建中坐镇，出来的菜我比较放心。

王老师是画家中的美食家，张大师是厨师里的书画家，两人交流起来就很有意思，好像什么都可以谈谈。比方一道菜的刀工可以上升到对笔墨的理解，一些还原旧时风味的菜品，可以说起几十年前的故事，可能真正好的菜，不单单满足口腹之欲啊。

比如王老以前常常念叨大头黄鱼，说是很少看见了，怎么以前吃得到的东西，现在看都看不到了呢？后来一次偶然的机会，在研究中心吃饭，上来了一道黄鱼，王老说，这就是我常说的大头黄鱼，没想到能够在这里吃到。

一道菜能够让人回味起从前的滋味，追忆起自己的往事，这种情怀是多么的难能可贵啊。

上次在研究中心吃饭，听张大师说起自己的学徒时候，我觉得和说书先生倒是很像，说书先生带徒弟，师父在台上说，徒弟在下面听，厨师也差不多这个意思，不同的大概是书台变成灶台，听客成了食客。俗话说媳妇熬成婆，等到徒弟慢慢学了本事，开始自己出来闯荡江湖，积累自己的名气，这是多么难熬啊。

不过也可以说是功夫不负有心人吧。

常熟出来的大师很多，各行各业都能够追寻得到踪影，比方翁同龢、黄公望、钱谦益等，但是这些大师说起来好像离我很遥远，我只是望着大师背影的凡人而已。比较熟悉的是评弹的大师，薛小飞、蒋云仙、侯丽君，在他们面前，我是个虚心好学的晚辈，隔着代向大师们讨教。还有些大师，是我切身体会沾着光的，比如张建中做的蒸菜，这是实打实吃进肚子里的好处。

当初评校毕业的时候，以为自己是要去常熟工作的，王老和我说常熟有吃有喝，文化气息重，是个养人的地方，你如果去了常熟要努力点，说不定将来你也是大师。当时我想想还很开心，认为即使成不了大师，也是快乐的人生，后来阴差阳错没能去常熟，心里很可惜，觉得自己和大师这两个字失之交臂了。不过这样也蛮好，偶尔去一次常熟，就像是常年在外的弟子，回来向先生汇报吧。

白案大师

阿　董

华永根

阿董真名叫董嘉荣，餐饮行业里的人都亲切地叫他阿董，有时称阿董师傅，其实他曾是得月楼菜馆副总经理。现任得月楼菜馆顾问。资深中国烹饪大师，国家级烹饪评委，苏帮菜"非遗"传承人，苏帮菜十大宗师之一。阿董师傅拿手的烹饪技艺是"白案"，俗称点心师傅，行业里又称"桌台师傅"。

阿董师傅中等身材，微胖体态。圆圆脸上一对小眼睛总是不停闪着光芒，说起话来总眯缝着小眼睛，一副乐呵呵的样子，总给人一种亲切感。他不爱抽烟，只爱"杯中之物"。有时多喝两杯，眼睛越加小了，但说话条理很清楚。他对人和蔼，处事练达，从未与行业中人争吵，或有什么矛盾。在他身上总是充满着快乐的阳光。

在餐饮江湖上阿董还有一个雅号，叫"木忽隆"，这是苏州人常用的"压脚语"，在苏州俗语中有一句"木忽隆咚"，其最后一个字"咚"与"董"吴语中同音。因而人们叫"木忽隆"即指姓董的人。前几年阿董师傅退休了，但还留在得月楼做技术指导，把控菜肴质量关。他曾"中风"，身体不如以前，行走不灵活，显得有些摇摇摆摆的样子。这"木忽隆"称谓倒也叫得贴切。故而餐饮行业叫他"木忽隆"的人很多。但在正规场合还是叫他阿董师傅或称董大师。

董大师是20世纪70年代初返苏的"知青"。回城后被安排在商业系统的烹饪培训班学艺。毕业后曾一度留校。随后进入当时的"苏州菜馆"师从朱阿兴师傅，得月楼开业时董嘉荣与其师傅朱阿兴一同进入得月楼，从事面点工作。在得月楼他一干就四十多年。他把青春年华都奉献给了餐饮事业。

不要看阿董人长得厚壮，手指粗大，却是心灵手巧的白案大师，其手上功夫可与"绣娘"试比高下。他在朱阿兴师傅多年悉心指导下，技艺大进，加上他自己刻苦钻研，融会贯通中点、西点、茶点、糕点等方面的技艺，攀登上白案技艺的高峰。他对中式点心中的"四块面团"，即粉面团、呆面团、发面团、油面团，尤其得心应手。能制作近 300 种点心面食。他平时走街串巷，把苏州城里街巷小吃给改良后用来服务大众。在他的手上制作出的传统品种有船点、加虾烧卖、蟹粉汤包、枣泥拉糕、鱼味春卷、四喜蒸饺、藕粉饺、尹府面、眉毛油酥等。经典的有鸡汤泡泡小馄饨、五彩豆腐花、糟拌面、鸡鸭血汤、油酥饼等，不胜枚举，而且他出品的不论面点还是小吃，件件精美可口。难能可贵的是，根据节令变化，在馅心口味上随时变化。他的作品总是像唱戏的人一样"有腔有调"，让人欢喜。远的不说，就拿他做的净素菜包来说：包子皮子是发面，要发到"恰到好处"，把握分寸，馅心用青菜、木耳、香干等切细，用菜油调开均匀，加入秘制调料。包子一样大小，褶子条纹清楚，包子顶端开口俗称"鲫鱼嘴"。蒸熟出笼的菜包子顶端微微露出碧绿菜馅心，四周流淌着金黄的素油。香气扑鼻，惹人喜爱。吃一口舒心爽口，咸鲜中夹着丝丝甜味。那几年要吃上董大师制作的净素菜包，那可得去得月楼排队。

说起阿董师傅的白案技艺，真正"绝活"在制作苏式船点上。他跟随朱阿兴师傅多年，学到了制作船点的"真传秘籍"，在日积月累的学艺过程中，他把传统技艺手法根据自己的感悟，结合时代艺术审美要求，融合在船点作品中。一次市政府在得月楼菜馆设宴招待友好城市意大利威尼斯的政要，董大师的一盒苏式船点技惊四座、力压群芳。盆中用粉面制作的红菱、鲜藕、荸荠、茨菰等水八仙如同真果一样。中间配上小鸡、白鹅、玉兔，栩栩如生，让人爱不释手，外宾们纷纷赞叹苏州菜点的技艺高超，佩服水乡的饮食文化。说道：这不仅仅是食品，而是不折不扣的艺术品。

1992 年，阿董师傅代表中国，参加在新加坡举办的国际烹饪大赛，喜获金奖，为国家赢得了荣誉。在苏州的餐饮史上添上浓墨重彩的一笔。随后他多次去德国、日本、韩国等国家和香港地区参赛获奖无数。荣誉、桂冠虽多，阿董师傅仍不忘初心，一直坚持在得月楼生产第一线，他常告诫自己："我的岗位就在做点心的桌台边。"

阿董不仅技艺高超，还注重把技术传授于下一代。他门下徒弟众多，都感受到师傅对他们的帮助及关怀。一次有一个徒弟去省里参加烹饪大赛，作品是苏州传统八宝饭，那徒儿主动上门见董大师要求相助。董师傅毫不保留地把自己制作八宝饭的方法教给他。那日他的徒儿做好一盒八宝饭请董师傅品鉴。董大师品完，说此八宝饭口味、造型都好，只是满满一大堆似乎太粗俗了点。他建议把此大碗八宝饭，改成用小酒盅扣成十朵花形。小八宝饭放大盒四周，中间用苏州传统花带结顶，制作成一组凤穿牡丹。

那位细心的徒弟听得认真、记得清楚，果然按此方法做的八宝饭与以前大不一样，光彩夺目，惹人喜爱，在省烹饪大赛上一举荣获金奖。

前阵子，电视片《舌尖上的中国》热播，内中第二期《心传》那集，以得月楼阿董为核心的四代点心师徒共同出境，表现了苏州糕点、船点等制作过程。又以传授技艺为主线，叙述阿董师徒之间的情感故事。有一镜头是阿董端坐在太师椅上眯缝小眼睛看着弟子制作面点，告诫弟子们做点心要手到心到，很有几分"拳教师"的味道，此场景使人难忘。

阿董师傅的经历告诉人们：做点心的人靠的是手上功夫，说得文气点是手艺。高超的手艺来源于扎实的基本功、耐得住寂寞的重复劳动，勤思考创新，注重个人的素质、品德修养。在从艺的道路上没有花架子可摆，你纵有千斤万力，都得化成"绕指柔"。

其实，阿董就是一位有手艺的人。

得月传人

薛亦然

苏点的非物质文化遗产传承人董嘉荣大师坐那儿，朴实，少语，神闲，气定，浑身上下透着一个字——重。稳重，厚重，凝重。

如果他坐在人堆里，大家不会注意到他，他似乎没有什么亮点。没有妙语夺席，也不气宇轩昂。倒是他的两位高徒比较显眼，对谈论的话题都有很快的反应，目光敏捷，捕捉话题就像捕捉灶台上的火候。

苏州烹饪界盟主华永根先生说起前辈朱阿兴一鸣惊人的高超技艺，最是冷盘《枇杷园》惊艳业界：把拙政园里的著名景点枇杷园巧妙移植到宴席上，一树一石，尽得其妙，令人匪夷所思的是，园里的花街铺地都惟妙惟肖。这是烹饪史上的突破，过去的冷盘食雕都限于花木鸟禽，朱阿兴把一组园林建筑搬上冷盘，真可谓巧夺天工。

于是董大师的眼里放出光亮来，朱阿兴是他的师傅啊。我捕捉到这种令人倾心的光亮，那是一种不动声色的燃烧，却又温润无比。遥想朱阿兴制作完成那惊世之作的时候，他们师徒俩交融的目光也应该是这样的。

而当年董大师在新加坡参加第八届国际（亚太地区）烹饪沙龙大奖赛，以金鱼酥等一组点心为中国苏州赢得团体银奖的时候，眼睛里也是闪着这样的光亮吧？创造的激情让大师手随心走，深厚的功夫在小小的点心上闪射光华，新加坡的吃客们连呼大开眼界。

　　董大师坐那儿，稳重里透着厚重的底气，这种气韵也在他身边的两位高徒身上发散着。忽然想起他们师徒间的逸事。听说他们之间有一个传统，做生活的时候背要直，不允许徒弟躬背，哪个徒弟躬背的话，背心是要挨打的。因为做白案的人总是低着头做，最容易养成躬背的习惯。于是从朱阿兴开始就立下这个规矩，不许躬背。我觉得这不仅是一个作业姿势的问题，说得文气点，这是"善养吾浩然之气"啊。

　　烹饪乃是一门大术业，我等外行企图窥视内里门道自非易事，仅谈到面点的分类我就头大了：米面、水面、酥面、杂面……但我坚信，师徒间伟大的传承绝不仅仅是技艺，更有雄踞于术业之上的大道。那大道关乎艺事，也关乎为人——这是我在座间悄悄阅读董大师和他的高徒的第一感受。

　　我想，那是近似于光亮的传承，在日、月、星之间，在这个运行轨道里我是星，到了那个轨道中我就是日、月，如是循环往复，才成其为浩瀚星空。

《蟾宫折桂》是朱阿兴与董嘉荣的代表作，如果把蟾宫比作烹饪艺术的殿堂，那么他俩及其高徒们就是宫里的折桂之人。

得月楼是朱阿兴、董嘉荣和徒子徒孙们施展技艺的舞台，雅致、精美的苏州烹饪精神如同月魄之光照耀着这个舞台，也照耀着他们代复一代的传承。

原来，得月楼还有这一层意思。

苏式味觉

朱红梅

在饮食上，我一直以为自己属于"兼收并蓄型"，咸甜酸辣都不忌；不论重口味或是小清新，都还能应付得来。于是以为东西南北中，自己哪里都能去了。

其实不然，最近一趟出门，彻底颠覆了这种盲目的乐观和自我想象。

一路跟随采风团队，从银川出发，经中卫，再到固原。一开始，美味的羊肉，香浓的八宝茶和清甜的硒砂瓜让我的确乐不思蜀，可不知不觉中，事情悄悄在起变化，到了第五天，固原一碗据说很正宗的羊杂汤让我的味蕾开始产生抵触情绪，开始默念江南日常的一茶一饭。这远方，果然是"可远观而不可亵玩焉"！

人在苏州的时候，镇江是我的家乡；离开了苏州，尤其是跑到了宁夏这样的远方，我开始对苏州萌生了乡愁。这乡愁是如此具体、直白，就体现在嘴巴和胃对于苏式菜肴的想念。人到中年，对于习惯的强大依赖开始露出端倪。时间赠予你的东西，不想要也甩不脱。这不知何时养成的饮食习惯，从牵扯你的舌苔、肠胃到控制你的大脑，居然如此轻而易举。

回到苏州的第二天，我就与一席消夏的苏帮菜快活相遇。被羊肉、八宝茶熏陶和蒙蔽的味觉很快就活了回来。从冷盘到羹汤，无一不美。一道醉蟹，更是让我惊为天人。作为一名不自觉的苏帮菜拥趸，一种得意和优越感油然而生，没道理，却很真实。

正是在这天的席间见到了董大师。作为中国资深烹饪大师、非物质文化遗产"苏帮菜制作技艺"代表性项目传承人，董嘉荣师傅基本是属于"敏于行，讷于言"的人。谁都知道他点心绝活的厉害，但是坐在那里却锋芒尽敛，不多话，有问有答，不加多余的修饰。

2013 年 7 月，《舌尖上的中国》（第二季）《心传》在苏州得月楼拍摄，花费 5 天时间，拍了"苏式点心的传承"。那次得月楼点心师傅"四代同堂"，齐齐出镜。87 岁的朱阿兴是第一代点心师傅；63 岁的董嘉荣是他的衣钵传人；51 岁的吕杰民，1983 年技工学校科班毕业后进得月楼，就拜在董嘉荣门下。师徒三代都有着"中国烹饪大师"头衔。当时 20 岁的"学徒阿苗"，又是吕杰民前两年收的弟子。算起来，她已经是"第四代门人"。

苏式点心的代际传承，也正是摄制组拍摄中抓到的一个"兴趣点"。苏帮菜历来传承有序，至今已有五代。朱阿兴师傅属于"第二代"，与最著名的"四根一家"（张祖根、屈群根、吴涌根、邵荣根和刘学家）同辈。接下来就轮到成为非遗代表性项目传承人的董嘉荣师傅这一代了。他们收徒，徒弟再收徒。这样的传承使得苏帮菜的保护和振兴成为可能。

2018 年 1 月 19 日《吴江日报》上曾刊出一则题为"让吴江传统糕点焕发活力，仁昌掌门人拜师苏帮菜宗师"的消息，说的就是董嘉荣师傅正式收震泽镇仁昌食品厂、百年老字号仁昌顺"掌门人"陆小星为徒。

薪火相传，既承载着文化赓续的历史使命，也寄托着无数平常食客的朴素愿心。

点心小品

陶文瑜

将近黄昏了，青年齐白石随着师傅，走在乡间小路上，这时迎面走来三个人，师傅将齐白石拉到一边立停，待对方走近了，师傅就很谦和地含着笑脸点头。

他们是干什么的？齐白石问道。

师傅说，他们是木匠。

那我们不也是木匠吗？

不一样，我们就做家具，他们还雕花呢。

师傅的话久久地打动了齐白石，这一年，走在乡间小路上的齐白石内心里最灿烂的梦想就是当一个好木匠，一个能雕花的好木匠。

白案大师朱阿兴相当于就是能雕花的好木匠。

朱阿兴的代表作是《枇杷园》，应该是从拙政园得到的灵感，苏州船点融入苏州园林元素，是另辟蹊径的构想，大凡船点以花卉动物见长，《枇杷园》居然有亭台楼阁，肯定就是标新立异的创造了。

一般来说，我们这些早出晚归的凡夫俗子，差不多是泛泛而谈做家具的木匠师傅，我们的从前，也不过是往事。因为

《枇杷园》，说起朱阿兴，就是传说了。

一世白案生涯，朱阿兴收过不少弟子，这一些弟子，基本上是当下苏州饭店和点心店里独当一面的大师傅，他们向朱阿兴学习功夫，有的好几年，有的十来年，但董嘉荣自初出茅庐开始，随了朱阿兴大半辈子，三十多年吧，董嘉荣学会了朱阿兴的手上功夫，也领会了朱阿兴的心思和情怀，应该是朱阿兴的入室弟子了。

朱阿兴说，干我们这一行要多带一只眼睛，平常生活中的点点滴滴全是素材，看得多学得多放在肚皮里，不会问你要饭吃的，需要派用场时拿出来就是了。

朱阿兴在说这些话的时候，董嘉荣和他的师兄弟一起在制作枣泥。

枣泥拉糕是苏式点心中的经典之作，而类似于过滤豆沙一样过滤枣泥，是大家眼中"吃苦头"的生活，也是白案最初的基本功。

先是把放在网筛里烧得沸烫的枣子去皮去核，然后用双手一遍遍持匀过滤，手上烫出水泡是常有的事情。枣泥制作好之后再加糖加油翻炒，不能粘，不能焦，直至颜色变深，再化水拌粉做糕。枣泥拉糕蒸熟之后，切成菱形，点缀瓜子松仁。

似乎还是过滤枣泥的小年轻，当枣泥拉糕出笼的时候，竟已经是年过花甲的老人了。

现在不动手了，看他们做。董嘉荣说。

苏帮点心分水条、发酵、油酥、米粉四大类，而董嘉荣的徒弟拿手的传统点心就有七八十种。

"传承苏帮点心要静得下心，有目标有定性"，苏帮点心以小巧玲珑、四季有别、口味造型精细著称，像一只烧卖，要做出 20 个到 22 个"褶"；一只船点"刺猬"，身上的每根刺都要笔挺逼真。传统苏帮点心学徒，要做三年帮三年。

这话是吕杰民说的，吕杰民是董嘉荣的徒弟，自踏上工作岗位起，跟随董嘉荣，也是三十多年了。

得月楼里的董大师

陶　立

我对得月楼的印象几乎停留在三个地方，电影《小小得月楼》，我过十岁生日那年，还有苏州人谈家常时随意提起。

电影我是听别人说起才去看的，特意上网查了一下，80 年代的片子倒也看得津津有味。十岁生日那天是在得月楼过的，具体情形记不清了，唯一记得很牢的是我带了个同学，坐在饭桌上的时候，菜好不好吃也忘记了，想想那个年纪也吃不出什么好坏，但开心总是记得住的啊。

至于苏州人谈家常时提起得月楼，这是再正常不过的事了，一方面苏州人好吃，一方面苏州人好说，两者都是嘴上功夫，大概是要知其然，还要知其所以然吧？所以苏州人说吃的时候总是头头是道，每个人都有自己的见解，其中的共同点是说起苏帮菜，想到的总是那么几家老店。

得月楼这个名字是绕不开的，一般来说遇见结婚、满月、贺寿庆生的时候，大部分苏州人会选择在得月楼办几桌酒水，这好像逐渐变成了苏州人的一种传统，没人会去细想为什么，只知道从很早的时候开始，一代又一代苏州人，都极青睐得月楼，因而关照得月楼的生意。

其实我对得月楼的这些印象，都是记忆里的一些碎片，电影、生日、闲谈这几个风马牛不相及的词汇显得有些散乱，总是没办法呈现一个完好的样子，直到后来遇见了董大师，这些散乱才慢慢有了一个清晰的面貌。

董大师全名叫董嘉荣，董大师不能说是沉默寡言，但风趣健谈也说不上，他说话很实在，做事也是这样，我清楚记得在谈起他的烹饪生涯时，董大师拿出了一张纸，上面写满了他的经历，从 70 年代开始，一直记到今天。一位厨师对厨艺大半辈子的默默奉献，就一笔一画手写在纸上，看着云淡风轻，实则是多么令人感慨啊。

董大师常常提起一些旧事，还有他的师傅，而他的徒弟们话题也围绕着董大师来展开，董大师在他师傅那里学到了本事，通过自己的修炼成了大师，然后收了徒弟，再把自己的所学所得传授下去，师傅和徒弟这样的关系，好像通过了厨艺有了一番最好的模样了。

我问过董大师一个问题，我说在菜品上最令你骄傲的作品是什么？董大师没有回答我，似乎有些难以抉择。后来有人问，那么最最得意的徒弟是哪个？这次董大师回答得很爽快，说没有最得意，个个都得意，语气和父母爱护自己的孩子是一样的，手心手背都是肉，不能因为孩子多就丢掉几个吧。

在自身成就这方面，董大师只是轻描淡写说了几句，其实董大师的厉害之处绝不是三言两语可以说清楚的，在他的烹饪生涯中，得月楼的口碑越来越好，就此一点便可以得见厉害之处了。要满足这么多吃客挑剔的嘴巴，从柴米油盐到上菜品尝，几十年的光阴，当中的功夫是多么的深啊。

有董大师这样的高手坐镇，得月楼能够收获整个苏州城的吃客，这是多么顺理成章的事情啊。

灶上老苏州

手艺与道义

华永根

在餐饮江湖上，朱龙祥大师常被人提起，他是新聚丰菜馆的掌门人，又是一代烹饪大师。如今在苏州社会上流行"要吃苏帮菜，就去新聚丰"。那里每天顾客盈门，月月年年如此，一家餐饮店能吸引如此多回头客，实属不易。一些上了年纪的老苏州、评弹界艺人、文化界知名人士等均是他店里的常客，就连上海及省内外食客也寻味慕名而来，一些新苏州人亦加入此队伍中。在一定程度上新聚丰菜馆引领了苏帮菜发展，成了苏帮菜行业中的标杆。

70 年代初，我与朱龙祥大师几乎在同一时段进松鹤楼菜馆。

他被分配到厨房，我被分配到餐厅，随后他在烹饪技艺路上越走越宽，而我在餐厅服务道路上亦步步奋进。在我看来，朱龙祥大师天生是一块做厨师的料，青年时期长得厚实粗壮，长年剃着"板刷头"，显得精力充沛。他热爱烹饪，擅长煤炉上功夫，烧得一手好菜。当年从烹饪学校毕业即进入松鹤楼学艺，因勤劳肯干，做人活络，常被师傅说"小赤佬，最拎得清"，深得当时松鹤楼白案大师屈群根和红案大师刘学家的青睐，后来成了他们的爱徒。在这些名师的指导下，他的烹饪技艺突飞猛进，随后因工作需要，朱龙祥大师被派去筹建得月楼菜馆。在那里他又师从刘祥发师傅，深得刘师傅赏识，逐步学得烹饪绝技。没过几年，他已成为得月楼菜馆炉灶上"头煤炉"师傅，统领伙房工作，成了名副其实的"火头军"司令。虽然他在厨房"煤炉"上已成为一把好手，但他坚持天天上灶烧菜，总是抢着干最脏最累的活。那时得月楼的生意红红火火，每天两市头顾客满满一堂，逢节假日人更多。在那个时代，就餐吃饭讲究方便快捷吃饱，厨房间煤炉师傅压力甚大，多数时候堂口内吃饭人黑压压一片，厨房内叫声、盆锅碰撞声、催菜声此起彼伏。此时掌控煤炉一方的朱大师总是沉着应对，他像学过"统筹法"的数学家一样，把该拼的菜拼一起烧，有些菜套着烧，快慢结合，有时选择最大的"板口锅子"烧菜，他身大力不亏，出手飞快，菜品在他手里如行云流水般一只只送到顾客桌上。每天在他的带领下，厨房出菜顺当，顾客吃了一批又来一批，生意越做越大。他高超的烹饪技艺及热情刻苦的工作态度在店中有口皆碑。不久他被领导选中推荐到中国驻利比亚使馆工作，因其工作努力，曾多次受到使馆领导夸奖。

他回国后我已任苏州市饮服公司经理又兼任苏州商业技工学校校长。我安排他到当时商业技工学校下属"萃华园"当经理，这家店自开业以来，一直内部矛盾不断。"萃华园"是学校的实习菜馆。菜馆管理章法、行规得按行业操作，有时与学校管理模式不合拍，尤其学校一部分上文化理论课的教师与另一部分上菜肴面点课的教师，两者在一些福利分配上时有矛盾，有时还争吵，闹不团结。朱龙祥大师临危受命担任经理，他利用自己管理行业的经验和大厨的影响力，妥善处理多方矛盾，使萃华园菜馆走上了正规发展的道路。

随后由于工作需要，他又转到园外楼饭店当副总经理，不久又调到人民路上新聚丰菜馆当经理。90 年代商业深化改革推行承包责任制，朱龙祥主动要求承包新聚丰菜馆，承包后他积极性大增，又把他师傅白案大师屈群根、服务大师顾应根请到店里当顾问，菜肴和服务质量好评如潮，生意做得风生水起，有时上海等地来店的旅游大巴车会造成交通堵塞。后来新聚丰菜馆搬迁到太监弄经营至今。

朱龙祥大师在烹饪从艺道路上获奖无数，他是第三届、第四届全国烹饪大赛金奖得主，在省内烹饪大赛中多次摘金夺银。现今店中供应的母油船鸭、枣泥拉糕、祥龙桂鱼等都被认定为中华名菜、名点、名小吃，上榜江苏"当家菜"，他被中国烹饪协会和相关部门评为资深中国烹饪大师，获餐饮业国家级评委、中式烹调高级技师、苏帮菜烹制技艺第三代非物质文化遗产代表性传承人、苏帮菜十大宗师等技术职称和荣誉称号。他对这些荣誉看得很淡薄，常说"老老实实做人，认认真真烧菜"，这句朴实的话使我深受感动。

朱龙祥大师在烹饪技艺上的努力和奋斗气力没有白花，新聚丰菜馆生意如日中天，兴旺发达。他继承了新聚丰老一辈烹饪大师传下来的名菜名点，又创新发展开拓一批新菜佳点，难能可贵的是他仍保留着行业中做厨师的良好习惯，每天清晨总得去菜场亲自选择看货，把最好的当令食材买回店里，制作出时令美味佳肴以飨食客。苏州人向来崇尚时令菜肴，在新聚丰的餐桌上总能最早吃到这些时令佳品，如春季的糟熘塘片、樱桃汁肉、枸杞鸡丝、油焖春笋、干蒸甲鱼、祥龙桂鱼等；夏季的清炒三虾、虾子白切肉、苏式烩鳝、虾子白鱼、荷叶粉蒸肉等；秋季的清炒蟹粉、秃黄油、细露蹄筋、蜜汁火方、黄焖河鳗；冬季的母油船鸭、酱方、青鱼煎糟、五件子砂锅、枣泥拉糕；等等。朱龙祥大师有个好习惯就是"拳不离手"，坚持上灶烧菜，一些老顾客都是冲着朱大师亲自烧的菜来新聚丰的，这些熟客随后也都成为朱大师的朋友，他的人脉越来越广，吃客越来越多。

我曾称赞美朱龙祥大师烹制的清炒虾仁，说全世界论炒虾仁中国人炒得最好，在中国论炒虾仁，苏州人炒得最好，在苏州论炒虾仁，新聚丰朱龙祥大师炒得最好。我这一评价得到众多食客认可，可见新聚丰的炒虾仁等菜肴多么受人热捧，但他谦虚地说，一个人最好的资本不是能力，而是人品。他对做菜与做人有如此深刻的认识，具备了良好的厨德厨风及做厨人的道义。

行业中大多数人都叫朱龙祥大师"龙毛拳"，这一雅号不是别人取的，而是他自封的。多年前，一次他与一师兄弟发生争吵，一语不合竟动起手来，他以一记闪电式重拳把那师兄弟打倒在地，占了上风，当然最后因动手打人做了检查，向人家赔礼道歉。后来我问起他用什么拳法把人一下打倒，他自吹说是自己发明的"龙毛拳"，从此以后熟悉他的人都叫他"龙毛拳"了，他也不顾忌，相反颇有一点自傲的感觉呢。

朱大师在生活中是一个随性人，烟、酒、茶、牌等，样样皆能，在江湖上行走久了，朋友也多，加上他善解人意，能说会道，身边总聚集着不少徒弟和朋友。前几年在朋友介绍下，他别出心裁拜著名评话演员张国良为师，成了评话票友。他本身在语言表达上颇有几分天赋，无师自通，偶尔学会了一些苏州的说唱，从不惧怕表现。拜师后更一发不可收，有时我与他及朋友们聚在一起，他多喝了两杯，你不请他，他也会主动说唱表现一番，也确有几分艺术素养，有时引得大家哄堂大笑。在生活中他在哪里出现，哪里总充满着欢声笑语。

现今"龙毛拳"已过花甲之年，精力不如当年，但他在烹饪道路上还在不断攀登探索，坚守诚信经营道义，他把百年老店新聚丰这块金字招牌擦得金光灿灿，他又把自己的烹饪技艺精心传授给弟子们。他为人亲和力强，对朋友热情有加，逢年节常请吃年夜饭。每年五月子虾上市时，他都主动邀请我与他的老师兄、行业中前辈、老食客、苏州文人等欢聚一堂，品尝他亲自烹饪的"虾子宴"。那些菜肴精致、大气、霸气，如新风三虾、虾子白切肉、虾子五件子砂锅、虾蟹两面黄等，即便是小油条，蘸着他亲自熬制出锅的虾子酱油吃，都吃出了苏州味道。记得前一年的虾子宴，他购得一条近十斤重的野生鳜鱼，亲自操刀烹制成一款多年未见的传统苏帮菜"猛虎下山"，放在一只特大长方形盆中，由两个人抬上桌面，惊到在座所有人，此道菜形态似猛虎，油炸后侧立在盆中央，口味酸甜，外脆里嫩，回味无穷。

岁月不饶人，转眼间我与朱龙祥大师都已迈入了老年阶段，在餐饮社会里，我总觉得我们俩能聊到一起，他知道我要说的话，听得懂，我则接得上他说的下一句，有时我们在一起谈天说地，我看他真不像厨师，当他转入厨房，端出菜肴时，他又真是厨人。他身上没一点伪装，只有简单、直率、坦荡，平日里每当我叫朱龙祥大师为"龙毛拳"时，心里总泛起一丝温暖，因为他带给人们美味，又带来欢乐，展示出当代吴地名厨的手艺与道义。

龙祥的功夫

常　新

已经忘记是什么时候认识朱龙祥朱大师了，感觉和他特别熟，熟到去新聚丰吃饭都可以视而不见，或者要很费劲地找半天才能在店堂某个角落把他从瞌睡中叫醒打招呼，桌子上一杯茶一包烟。

因为广为流传"要吃正宗苏帮菜，就要去新聚丰"，所以外地好友要过来领略舌尖上的江南，离乡远去的亲人要过来饯行以留住对故土的思念。我和朱大师关系好，经常受托订桌，特别是寒暑假一桌难求的紧俏时候。有时，还要肩负点菜的重任，五件子和两面黄是必点的，这都是吃交情的功夫菜，一般吃不到。

五件子是苏州人传统过年蹄髈、鸡、鸭一锅汤的升级版，加了火腿、鸽子。这道菜说说容易做起来难，五六个小时全靠火功，神奇的是朱大师做出来的汤清澈透亮，味道已经不能用鲜美来形容。有几位好吃者或自称美食家的，每每吃不完就关照端下去冰箱里存着，第二天再来，五件子里落两棵鸡毛菜，一人一碗白米饭，舒坦而去。

再说两面黄，面的两面闪烁金黄，一面脆一面嫩，如果是初夏，新聚丰会配上虾子、虾脑、虾仁的三虾浇头，那就是苏式面的顶级配置了。我的体会是，吃了朱大师的两面黄，其他面馆的两面黄都只能算干脆面、方便面。

新聚丰的经典菜品，就像少林寺七十二绝技，随便亮几样出来都能激起一片惊叹。身为掌门人，朱大师行走江湖为苏帮菜扬名立万，同时又像扫地僧时时回藏经阁手不释卷精进武功。

朱龙祥大师的功夫究竟是怎样练成的？

既然比喻成武功，龙祥总让人想到"降龙十八掌"。别看现在的朱大师能说会道口吐莲花，当年学生意时也像郭靖一样木讷一样刻苦，什么苦脏累活抢着干，比如生煤炉，完全承包，最后熟能生巧到一气呵成的境界。师父们都点头，觉得这小子"最拎得清"。后来朱大师有全国获奖作品叫《祥龙桂鱼》，应该是纪念这段难忘经历。

拎得清还在于动脑筋。德国人厨房满是量杯、天平像化学实验室，食材配料精确到克，中国人全靠即兴发挥，盐几许油几许，除了盯着师父的手难道就不能有其他办法了？青年龙祥想出了每天开工前将作料瓶逐个放满，每天收工后再一一称量剩余的"笨办法"。笨吗？好像天才少年曹冲称象也是用的这个笨办法。

还有就是"拎壶冲"，师父们一天劳累喝酒解乏，龙祥同学就陪着，就这样，当年苏州烹饪界的泰山北斗几乎都当过小朱的师父教过他不止两手。想想也是啊，这是不是就是武林中所谓的机缘巧合，东邪西毒南帝北丐中神通，排着队传道授业解惑，于是剑宗气宗、红案白案，样样精通，龙祥不成朱大师也已经不可能了。

去"国外留学深造"，也不是大厨都能有的经历。朱龙祥同志经组织考察，被派往驻利比亚大使馆统管庖厨。几年间，朱大师把中国使馆的招待会变成了当地外交使团外交官们心心念念的牵挂，对我外交工作做出了贡献。据说，朱大师还把撒哈拉沙漠某集市的"垃圾股"猪下水生生地拉了一根大阳线。

龙祥海归已是老朱，受时任苏州商业技工学校校长华永根的召唤，出任学校实习菜馆"萃华园"经理。当时的经理就是现在的总经理，朱大师感觉像是苏帮菜黄埔军校校长，又是几年历练，"将"终于要成"帅"了。

美食界开山鼻祖陆文夫说，做一桌菜，厨师最讲究的是一把盐，从多到少再到无，渐入佳境直到化境。为了龙祥登上"论剑"的华山之巅，陆文夫亲自出场了。话说有一次龙祥乘火车到北京出差，当他走进卧铺包厢，抬头看见的竟然是要去中国作协开会的陆文夫老师。两人都带了酒和一大包吃食，互相比较后，陆老师决定吃朱老师的。那一路的吃喝加卧聊，朱大师至今还没有完全披露，但在北京站和陆老师分别的时候，他应该有任督二脉打通般的畅快淋漓。

如今，除了偶尔掌勺露一下峥嵘，朱龙祥大师一般不出手。但他几乎每天去菜场，如同真正的指挥员战前都要去阵地前沿仔细观察。那时的龙祥，目光如炬，精光四射。

嘴上一家亲

陶　立

　　说书先生是四海为家的，在外面漂泊久了，偶尔回来称不上近乡情怯吧，但心里难免会有些感慨，有时候刚踏上苏州，就像已经到家了一样，有种说不出的安心，在整顿好行李后，说书先生会定定心心去吃顿苏帮菜，离家久了，吃到苏帮菜熟悉的滋味，就像遇见了亲人呀。

　　在苏州，假使要评出最受说书先生喜欢的饭店，我想应该就是新聚丰了，如果说跑完码头回苏州就是回家，那么去新聚丰就是回舌尖上的家，新聚丰的菜吃到嘴巴里，光光要说味道好，显得不够贴切，更多是年复一年的亲切动人吧。

　　说书先生里面，懂吃的吃客很多，这是有根有据的，比方大书名家金声伯就是出名的老饕，蒋月泉先生有个外号叫"天吃星"。其实说书先生喜欢吃，一方面是聊以慰藉，消遣，另一方面是为了对听客负责，毕竟台上演出是个体力活，有些说书先生一天演两三场，不吃饱就没有力气演出了，而且说书是嘴上功夫，吃也是嘴上功夫，这是嘴上的相亲相爱。

　　菜品过说书先生的嘴，是最考验功夫的，好比书场里全是老听客，说得好唱得好，听客就风雨无阻来捧你的场，要是荒腔走板，听客第二天就跑到别的地方了，而且一传十十传百，到后面大家都不来，生意就一落千丈。仔细想想，如果说书先生吃下来觉得不满意，跑到外面像说书一样说出去，这比普通吃客影响大十倍百倍啊。

新聚丰里的朱龙祥大师说过，苏州人过日子讲究吃喝白相，所以说苏州人的嘴巴不好伺候，而说书先生本身是靠嘴巴吃饭的，苏帮菜到他们嘴里，要让他们说好就更难了，但是凡是来我这里的说书先生，就肯定会来第二次，没有说我们的菜不好的。

那天和王锡麒老师去新聚丰吃饭，我问王老，新聚丰的菜到底好在哪，他说现在有很多菜饭店都不会烧，新聚丰就不一样，只要我点，他们就烧得出来，没把老苏州的口味忘记，同样一道菜，比如蜜汁火方，火腿年份一定要足，差一年味道就天差地别，还有五件子，要熬满五个小时就得丝毫不差，在这种细节上，新聚丰最让人放心。

所以说好是有好的道理的，在细节上都做到极致的菜，又有谁会不满意呢。

话说回来，一般的评弹艺人是不敢在朱大师面前卖弄的，朱大师很会说，是我遇见过大厨里最会说的，而且中气很足，在席上谈笑风生绘声绘色，开始时我只觉得熟悉，像是到了书场听书，后来才晓得，他既是苏帮菜大师，也是半个说书先生，朱大师是正式拜师张国良先生学习评话的，属于金声伯先生的师侄，这样一来，如果有说书先生和朱大师闹矛盾，一定要先算算辈分，不然的话搞不好就是欺师灭祖了啊。

如果抛开朱龙祥大师的厨师身份，我想他一定会成为大书名家，不过这样是不行的，要是朱大师真的改行说书了，那么苏州的吃客们就要不买账了，没了朱大师，到时候就不知道去哪里吃饭了啊。

最忆苏帮菜

顾志骋

我要写一篇有关苏帮菜的文章。

那天去观前街太监弄的新聚丰吃饭，落座时有幸坐在新聚丰的老板朱龙祥旁边，听他谈起自己早些年的经历，如何学厨艺、出国、在大使馆工作，朱老板娓娓道来，我听得蛮有滋味。

菜过五味我才反应过来，原来我要写一篇命题作文！这下可好，酒肉穿肠过，故事也没心中留，我像穿着一身现代衣服误入苏州园林，透过漏窗左右张望，万般感想都化成了空，舌尖上只余一丝滋味。

不论从什么角度来谈，我都不是一个爱吃的人。每当读到"桃花流水鳜鱼肥""乃思吴中菰菜鲈鱼，遂命驾而归"等诗文，旁人可能想象得口舌生津，于我则是感觉自己沉浸在恰好的人间烟火中，像清晨石板路边摆摊人的第一笼包子，打开的刹那白汽蒸腾而起，迷了惺忪睡眼，却总能熨帖归家人的脾胃。

用时尚话来说，我吃的不是味道，是感觉。而新聚丰的朱龙祥先生就有那一种老苏州的感觉。

我从未见过像朱龙祥先生这样热爱苏帮菜的人。不论是他提起早年拜师学艺时的趣事，还是分享烹饪苏帮菜的经验，朱龙祥先生都带着一股近乎学术研究的谨慎和热情，我能感受到他发自内心的热爱和尊重。

朱龙祥先生也有苏州人恰到好处的自信，他指着"五件子"这道菜和我们说，以后去外面吃都不要点汤啦，不会比这道菜更好吃了！听得人想笑又服气。

世人皆以为苏州安逸，一口吴侬软语连吵架都是又嗲又慢，好像在这里怎么虚度时光都不为过。世人却忘了江南最出状元郎，苏州人的用功劲儿都在骨子里，朱龙祥先生也不例外。当年他初到大使馆工作，发现每天的早点翻来覆去就那几样，于是他决心用苏州特色做出一番成绩。

朱龙祥先生每天五点起床备菜、揉面、烹饪，做到一个月早点不重样，就这样在一众大师中脱颖而出，不知后来的招牌菜"枣泥拉糕"是否就是当年打下的基础？

说到甜食，我还想给苏帮菜洗"沉冤"。每当有外地朋友来苏游玩，我都会带他们去吃一顿苏帮菜，每次都收获到"清淡""甜"的评价，其实苏帮菜真的冤死了。

对苏州人来说，鲜才是最要紧的，青菜就必须是青菜的鲜味，鱼就是鱼的鲜味，绝不能被调味料掩盖了食材本身。甜味只是为了抑制食材或者酱油里的苦味，行话叫"吊鲜头"。

我前些年在外读书、工作，也尝过大江南北各色菜系，而苏帮菜之于我的意义，不是好吃好看，而是家乡的遥思。

都说"一方水土养一方人"，苏州能出朱龙祥先生这样的大师，想必也能包容我这样天生舌尖上缺了点滋味的小娘鱼罢。

一代宗师厉增尧

蒋　洪

厉增尧，盛泽人称阿尧，注册中国烹饪大师，苏帮菜十大宗师。

盛泽在春秋时期称"合路"，盛泽之"盛"可追溯到三国时期，吴赤乌三年司马盛斌曾驻军筑圩造田。明成化、弘治年间此地手工丝绸业形成，清顺治四年（1647）建镇，乾隆九年（1744）已是"风送万机声，莫道众擎犹易举"，市兴而商贾云集，南来北往客和本地居民捧红了盘龙糕、鲜肉小烧卖、小馄饨、臭豆腐等糕点小吃。

我信奉周瘦鹃的"吃厨师"哲学，而阿尧是吴江最资深且不会让食客吃坍宠的大厨。阿尧的大名早有耳闻，因我们分别在不同的行业系统，见面机会不多，筹备吴越美食推进会时，旅游饭店之外经营本地风味的餐馆才被关注到。那时，阿尧承包经营的东方大厦餐厅风生水起，东西好吃实惠，上座率好到单张餐椅年平均营收 2 万。阿尧的厨师生涯从 1972 年开始，历式"清炒虾仁""滑油蟹粉""响油鳝糊""松鼠桂鱼""糖醋鱼块""走油蹄髈""走油酱方""五彩桂鱼""麻球""烧卖"是盛泽街坊邻居和丝绸客商念念不忘的美食，他不善言辞，却极其认真地对待每一道菜，只要上午去他店里，就能看到前后台员工齐齐地围坐在餐桌边，掐虾仁、出蟹粉，不亦乐乎。很多盛泽人结婚是阿尧烧的菜，孩子的婚宴还是阿尧烧的菜。毋庸置疑，很多人的胃是被"阿尧"拴住的。

后来，阿尧师傅被大家推举为吴越美食推进会副会长，交流请教的机会自然多了起来。他说厨师对自己岗位的态度最要紧，假使一个厨师连自己都看不起了，怎么让人家看得起你？阿尧乐于助人且不求回报，2015 年东方卫视大爱东方栏目选题，希望记录我推动吴江美食的点滴，拍摄"学徒会长"，情节设计需要有一位在吴江烹饪界德高望重的大师，能够配得上这四个字的只有厉增尧，做啥菜呢？之前曾与绸乡缘少华以及阿尧讨论过"松肉"，这是很久之前在盛泽大行其道，目前几乎失传的汤菜。按剧本设定，我装模作样地在镜头前跟着阿尧剁肉、刮鱼茸、做松肉。镜头之外阿尧速度飞快地给鱼浆上劲，将五花肉丸子裹上鱼茸，过油定型，动作干净利索，着实令人钦佩。

最能代表阿尧师傅厨艺水平的佳肴美馔，是八宝葫芦鸭和金蹼仙裙。八宝葫芦鸭，状似葫芦酿八宝馅，属于结婚酒席上考究的四大件之一，厉大师仅用一把前批后斩的圆头菜刀，就可在五六分钟内整鸭脱骨，菜肴成品丰满，枣红色油亮润泽，能猝不及防地令人馋意外溢；金蹼仙裙为江苏名菜，成菜历史可追溯到五代十国时期，由南腿、甲鱼裙边、鹅掌和香菇等扣蒸而成，十分考验食材预处理功夫，菜品造型文雅，刀工精致，见多识广的老吃客也往往不忍下箸。后来，苏州市烹饪协会拍摄苏帮菜制作技艺传承人电视专题片，厉大师又复原了此两道名菜，阿尧师傅出色的手艺和敦厚的人品，在行业内外收获了极好的人缘，丙申年腊月十三，厉增尧大师被苏州市烹饪协会授予"苏帮菜宗师"荣誉称号。

月有阴晴圆缺，人有悲欢离合。天妒英才，厉大师因病于戊戌年腊月廿六仙逝，在灵堂遗像前，追忆我们曾经淡如水的过往，回想吴越美食推进路上的艰辛和欢乐，不忍吴江少了一位苏帮菜宗师……

匠心标杆今何在？恨难禁兮仰天悲。

糕团人生

黄老板

华永根

陈锡荣先生是苏州百年糕团老店黄天源的掌门人，因着老字号黄天源的鼎鼎大名，很多人爱顺口称他"黄老板"，他也笑着应声。庄子曾说："至人无己，神人无功，圣人无名。"在我看来，他的人生早已与黄天源融为一体，这声"黄老板"正是对他事业建树的至高肯定。

我与陈锡荣先生是多年的同事，又是挚友，在漫长的人生道路上，我们是并肩同行者。70年代初，我们先后参加了工作。锡荣兄从部队复员在市饮服公司工作，而我从农村插队返城，被安排在饮服公司下属的松鹤楼菜馆学艺。多年后，我调任饮

170

服公司，彼时锡荣兄担任公司保卫科科长，我俩就这样在一个公司共事多年。之后我又调去商业局工作，他则选择下到基层，当了老店黄天源的主任。但不管我俩工作如何变动，实际仍在一个商业系统里。我俩常常交流问候，彼此欣赏着对方的优点，成了一对在人生道路上守望相助的好兄弟。

此刻忆起锡荣兄与我讲述的他的童年故事：他刚出生时，家人受到当时农村封建迷信蒙骗，说他与生母相冲，将尚在襁褓的他弃在荒庙里。幸而生父不舍骨肉，又抱了回来，送给了一个远房陈姓亲戚照料。许是天照应，从此他有了一个相对良好的生长家庭，养父养母视他为掌上宝。但好景不长，他尚未长大成人，养父家人便病的病，走的走，只留下他与养母相依为命。年幼的他逐渐成长懂事，也更加深知人生不易。待到青年时期，他便决意报名从军，虽身为独生子，但他义无反顾、从军心坚，在部队的大熔炉里，他茁壮成长，高难度的军事训练锤炼了他愈加坚毅的性格，他在多种演练实战项目训练中表现出色，被评为"五好战士"，光荣入党。

铁打的营盘流水的兵。服役生涯结束后，锡荣兄从部队复员分配到饮服公司工作，他从一名保卫科科员做起，后升任为保卫科科长。要知道，当时的市饮服公司旗下行业多而分散，如旅馆、菜馆、浴室等都是社会治安的特种行业，保卫任务繁重复杂。他在岗位上发扬军人不达目的、决不罢休的精神，忘我战斗在治安保卫工作第一线，成为苏州治安工作的标兵。

治安管理工作风险高。一次，商业系统组织机干民兵实弹集训，他担任领队。在实弹投掷训练时，有一青年民兵把拉响的手榴弹不小心掉落在自己脚边。说时迟那时快，陈锡荣见状飞奔过去一脚踹开那青年，奋不顾身地捡起已冒着白烟的手榴弹扔到掩体外，避免了一场重大伤亡事故。在这样的生死瞬间，他没有时间多想，也丝毫没有犹豫，显示了军人临危不惧、冲锋在前的风范，展现了一个共产党员大无畏的品质。

锡荣兄在公司保卫科的一系列工作都卓有成效，获得了领导班子的肯定。后来，他被安排到饮服公司业务科任科长，开始统领全市饮服业生产、经营等管理工作。彼时，百年老店黄天源的字号被一家外地企业抢注的突发事件惊动了苏州，一时舆论哗然。锡荣兄主动请缨着手解决这一棘手事件。他组织收集材料，翻阅了大量的史书记载，在充分调查研究的基础上积极向有关部门申诉。随后他七上北京，辗转向工商总局提出异议申诉。在饮服公司与各方的共同努力下，工商总局最终判定黄天源的字号归属苏州老店。在此事件中，锡荣兄辛劳奔走，功不可没。从此，他与黄天源结了缘，对这家老店上了心。

黄天源原属国营，一度生产经营十分困难，又逢店里老主任退休，正是"群龙无首，每况愈下"的时刻，陈锡荣主动提出下到基层去，到黄天源去。今天看来，他宁愿放弃公司科长的优厚待遇，下沉到基层商店去，虽事出有因，但其勇气与魄力仍可见一斑。不过，站在历史横轴上回头看，或许正是命中注定。人世间的巧合与缘分真妙不可言，只能说有时人生抉择中的放弃，却是另一种拥有的开始。当时的锡荣兄肯定想不到，从此他走上了成为"糕团大王"的人生道路。

锡荣兄上任黄天源店主任后，坚持以身作则，每天与职工一起劳动在生产一线，逐步在职工中树立起威信。通过一段时间的观察，他了解到黄天源的发展弊端在"吃大锅饭"上。于是，在上级公司的指导下，他率先推行改革，取消过去分配上的平均主义，改用多劳多得的分配方案。改革很快取得了成效，员工的劳动效率得到了提高。后来，他又顺应社会形势，进一步改革国营旧制，实行经营承包责任制。有了自己的"责任田"，员工的生产积极性空前高涨。此外，他还利用报刊、电视、网络等媒体，宣传"糕团大王""中华独一家，名扬东南亚"，打造"百年老店黄天源"金字招牌。随后黄天源的销量一路上涨，逐步走出了困境。

随着生产经营规模的扩大，陈锡荣意识到，黄天源未来的发展需要进一步加大改革力度。在多次协调并得到上级部门批准后，他对黄天源采用了资产股份制的模式，这给经营生产注入了新活力，在他的多措并举下，黄天源终于迎来了新生！他们的糕团产品声名鹊起，其独门绝技糕团制作技艺被列入省级非遗保护名录，多款产品荣获中华名小吃金鼎奖等，商店被商业部授予"中华老字号"企业，有些明星产品走出了国门，获誉无数。黄天源的发展为苏州饮服公司乃至整个商业界争得了诸多荣誉，成了改革发展的先锋典范，他经组织推荐当上了市政协委员，获苏州市劳动模范等荣誉。

毋庸置疑，锡荣兄在黄天源的工作取得了很大的成功，但我深知这些成功不是一蹴而就的，是他付出艰辛烦琐的劳动与坚持不懈的努力取得的。很难想象，在黄天源的困顿时刻，凌晨他便顶着满天星斗赶在上班路上；到了午后，他又踏着小车忙着去送货；入夜时分，热闹的观前街回归寂静，他还苦苦守候在店中等待着第二天的食材运来，做好上架商品的品质把控。锡荣兄就这样日复一日地守护着这家老店，他爱店如家，带领团队用诚信经营换取了消费者的信赖，用辛勤劳动擦亮了百年老店黄天源的金字招牌。

做生意难免有竞争，但他从不给同行添麻烦，遇事总是相让，泰然置之。他在生活上没有任何嗜好，既不抽烟喝酒，也不打牌，一门心思都用在考虑企业的发展上，这在同行业中是绝无仅有的。不像普通的生意人，锡荣兄在平时生活工作中甚是低调，言语不多。但熟悉他的人都知他处事利落爽直，是做事在前而讲话在后的人。企业改制后，他成了真正的大老板，有时人家称他一声老板，他总摆手说："我就是做小糕团的，老板是'扳牢'。"他处处以企业家的身份要求自己，积极回馈社会、关爱孤老，他会特意为社会福利院的老人送寿糕、寿团祝寿，常抽出时间前去看望。

苏州是从农耕社会的基础上逐步发展起来的城市。苏州人对糕团总是充满着依恋，春时的青团、夏令的绿豆糕、秋月的重阳糕、冬至的团子、年节里的桂花糖年糕，糕团点心的甜蜜香糯抚慰着食者的心。那碗令人神往的炒肉面、那块翠白相间的咸葱猪油糕、那只变幻莫测的双酿团子、那只被誉为团子皇后的炒肉馅团子，总让人品着时新，还思着旧情。黄天源虽说只是一家糕团店铺，然而在百姓心目中，她是这座城市味道的专属标签，是多少代苏州人的情结所在！

人们常说："人生如梦，人生如戏。"这话一点都不错，人的一生难免遇到跌宕起伏、悲欢离合，锡荣兄用自身的坎坷经历告诉人们：人生不易是常态。但他又用黄天源今日的辉煌说明了吃苦受累不怕，重要的是不能轻易认输，要坚信事在人为，人生的幸福都是靠努力奋斗得来的。

而今，百年老店黄天源正以全新的面貌展示在世人面前，在观前街的原址翻建成三层大楼，成了游客打卡的新地标，现今又将迎来建店 200 周年的大喜日子。老骥伏枥，志在千里。锡荣兄仍矢志不渝地守护着这家老店，未来的蓝图早已在他的心中刻画，他正带领着全体员工奔赴在新时代的筑梦路上。

苏味使者

蒋大厨

华永根

　　在当下，如果在餐饮行业中推选一位"苏帮菜"形象大师的话，在我看来此职非蒋晓初不可了。蒋师傅是一位资深中国烹饪大师，又是苏帮菜十大宗师、中式烹调师、国家级评委。蒋大师是地道的苏州人。他中等身材，不胖不瘦体态，白皙肤色，脸上常带着可爱的微笑，总显出苏州人特有的温文尔雅。在外人看来，他没有半点厨师的味道，倒像是唱戏的奶油小生。蒋师傅从事烹调工作多年，担任过工厂食堂、机关大院食府厨师长、司务长等职，又在多个培训部门和学校担任特聘教师传授烹饪理论及实践操作课。退休后不久，因他那俊朗外表，一副口齿伶俐的说表及对苏帮菜肴的深度了解，又有实际操作经验，被苏州电视台"乐活六点档"美食栏目相中聘为该栏目的主持人，长年累月活跃在银屏上。

那档节目接地气，他参与评论社区街坊菜点张弛有度，说表清楚，在电视节目里他常穿着背带裤，花格衬衫，从食材性能、烹饪技法、营养成分及苏州饮食文化等多方面，侃侃而谈，深受百姓喜爱，蒋晓初被大家亲切地叫作"蒋大厨"，名声走进了苏城千家万户，"蒋粉"无数。他主持的那档节目看似一档普通美食栏目，展示苏州家庭制作私房的菜点，却是一个苏州对外开放包容的形象，在那档节目里不分烹调水平高低，也不分菜品是属哪个菜系，更不分做菜的人来自哪里，给百姓一个展示的平台，秀出你的菜点，叙述人生情怀和生活中的故事。因而参与者踊跃，已连续开播十几个年头，收视率不断攀升，从中可看出百姓对美好苏式生活的向往，也是对苏州饮食文化的展示与宣传。

1975 年时蒋晓初是一名知青，根据政策从农场返还城市，参加工作被分配到苏州红极一时的"四大名旦"之一的长城电扇厂工作，由于该厂销售业务量日渐扩大，长城电扇在全省全国已成知名品牌，还拓展了国外市场，工厂生产实力大增，但工厂后勤服务跟不上发展需要，因而招聘一些返城知青充实后勤相关部门，蒋晓初被分配到膳食部食堂工作。小伙子深知身负重任，工作刻苦，任劳任怨，他的过人之处是工作时特别细心认真，常说细节决定成败，后勤食堂工作更是如此。不久上级领导经考察后作为重点培养人才，把蒋晓初输送到当时苏州菜馆（得月楼菜馆前身）学习苏帮菜烹饪技艺。在那里蒋晓初拜苏州著名大师朱阿兴、邵荣根为师，刻苦学习烹饪技艺，无论是切配、炉灶还是白案点心，蒋晓初都潜心学习研究，自己又细心观察这些老厨师在烹调制作经典名菜名点时的用料、手法和火候等重要环节上的做法，举一反三，融会贯通，由此他的烹饪技艺得到了快速提升，夯实了苏帮菜烹调技艺的基础。

回原单位不久，他就被任命为"司务长"，统管长城电扇厂食堂及行政接待。那一时段苏州的经济腾飞，各类业务宴请商务会客等活动应接不暇，长城电扇厂更是接待任务繁忙，蒋大厨带领那帮厨师在做好食堂菜点供应外，每天都要安排做好业务宴请，由于他技艺高超，管理有方，食堂里供应的菜肴点心深受厂里工人师傅称赞。在商务宴请上蒋大厨把在"苏州菜馆"学到的技艺发扬光大，使用一些传统名菜名点及时令佳品，受到厂领导和宾客的赞许和表彰。在业内也形成了要吃好菜好点到长城电扇厂食堂的说法。直到今日还有人牵挂长城电扇厂那时食堂里吃到的松鼠桂鱼、清炒三虾、美味酱方、响油鳝糊、苏式汤包、枣泥拉糕等菜点，还有那些退休老工人说起食堂菜点还个个竖起大拇指呢。蒋大厨在那食堂里灶前炉后，工作了整整 20 年，进厂时一个毛头小伙子，出来时已是一个半老头子了。

随后几年，长城电扇厂因市场变化等多种原因，逐步退出市场，淡出人们视线，蒋大厨则又转战到市级机关大圆食府工作，那里是市级领导及机关工作人员近两千人的食堂，又要担任一部分外送膳食任务，另有些部门及领导的相关宴请，要求高，工作量大，他又一次被委任为食堂"司务长"。蒋大厨深感责任重大，想尽办法，把食堂工作做好。他在全市机关食堂里率先改革推出自助餐形式就餐方式，一日三餐每星期菜点不同样，为了方便关心机关工作人员生活饮食不同习惯，采用多种烹饪方法使菜品口味，多式样，又采用菜点结合新手法，增加花色品种，另外备有半制成品菜肴点心等可带回家自烹自煮，实现了食堂供应服务上的新模式。这种新方式和供应的菜点受到领导和机关工作人员的普遍欢迎和称赞。蒋大厨在食堂经营管理等方面是一把好手，又是一位当家理财的能手，那时财政经费紧张，食堂开支经费少，他想方设法开拓财源，在大圆食府里利用节假日机关工作放假空余时段，对外开放，接受周边居民预订婚宴和家庭宴请，一时生意做得风起云涌，他把经营利润全部贴入食堂开支里，受到相关部门的表扬。

蒋大厨常潜心研究食堂里的菜肴结合时代发展，不断变换花式品种，引入火锅、铁板烧、蒸菜等新品，他扎实的烹调技艺在食堂这"自由王国"里得到充分发挥。人们常称道食堂里的菜为除川、粤、鲁、苏、湘、闽、徽、浙之外的"中国第九大菜系"。他深知食堂里的菜肴既要有地方传统名菜，更要有经济实惠的菜点，供应的菜点不应受菜系规范等条条框框的限制，反而要任其发挥达到饭菜可口雅俗共赏的目的，从而出现一些人们意想不到的菜点，如青菜炒橘子、甘蔗排骨、鸭血西瓜、菠萝肉片等都成为食堂菜肴，这些菜肴都成了食堂的名菜。

有次我在市政府开会，会后时值中午，在走道上碰到蒋大厨，他紧拉住我到食堂吃饭，走进食堂大餐厅一看，果然大开眼界，自助餐形式几十种菜品琳琅满目，还有甜品、酸奶、水果等，我最记得那次吃的"红烧肉"，味道一流，口齿留香。蒋大厨告诉我，那块红烧肉采用大锅红烧烹饪，小镬复烧，通常以肥肉为主，瘦肉为辅，焖烧后浑然一体，晶莹润腴，鲜香可口，每块肉底放上碧绿青菜盛放在小钵之中，极受欢迎。直到现在我还时不时惦记蒋大厨食堂里做出来的那块红烧肉。我记得在食堂里还有许多好吃的大众菜肴，如韭菜炒百叶、油豆腐塞肉、蛋饺白菜、鸭血粉丝汤、家常焖肉豆腐、红烧鱼块、油炸小黄鱼等，真不要小看食堂里厨艺功力，看似不起眼的菜经大厨操作都成美味佳肴。随后有几次我曾在蒋大厨大圆食府里品吃过日常供应的焖肉大面、鲜肉月饼、三角包、粢饭糕等苏州小吃面点，与外面社会上专业店相比，其味道造型真有过之而无不及。

蒋大厨在大圆食府里又工作了整整 15 个年头。他在平凡的食堂里付出了全部精力，难能可贵的是他的敬业乐业的工作态度，换来了人们对蒋大厨的尊重。临退休时市委一把手蒋书记找他谈话，表扬他多年工作的付出，盛情挽留他继续在食堂工作。蒋大厨说：因多年劳累自己身体有多处不适，又多年来未很好照顾家庭，婉拒了蒋书记的好意。在外人看来一位食堂普通厨师，退休时由市委一把手找他谈话肯定其成绩，还要挽留，可见其工作上卓越程度非同一般，因为按照组织程序，市委一把手找谈话的对象都是市里部委办局的"一把手"，一个普通的食堂厨师有如此待遇规格已属破例，这是对蒋大厨的肯定和嘉奖。

蒋大厨的从厨生涯大多数时间是在食堂里度过，那平凡繁杂的工作也锤炼出了一代苏帮菜大师。回顾蒋大厨走过的厨师道路，从中可发现蒋大厨的言行举止气质态度造就他成为一名电视美食栏目主持人；他的厨艺才干，细致认真的格调造就他成为烹调高级技师；他真诚善良的品行造就他成为平凡脱俗的厨人。他在自己行走的道路上，调和生命的气息，掌控着自己内涵腔调，无论在电视银屏上，在社会生活里，在饮食厨道中他都能拿捏好人生气场，为自己的生命注入清新的活力。

大厨是怎样炼成的

郁　岚

老苏州人都知道"长城电扇，电扇长城"，80年代，苏州城里谁家没有一台长城电扇在吹啊摇啊，那是苏州人的骄傲，也是苏州人的家常。现在呢，新苏州人都知道电视台的六点乐活档，都知道烹饪大师蒋晓初对平民百姓家各种家常菜肴的绝妙评点。但是，有多少人知道当年长城电扇厂食堂里的那一块红烧肉吗？那块红烧肉引得多少厂外的老吃客专门到电扇厂食堂来品尝啊，就凭一块红烧肉就能获得如此江湖名声，可见蒋晓初出手不凡。可以说，那是大师的处女作，也是成名作。

蒋晓初成为蒋大厨属于偶然。他坦言当初自己并不喜欢厨艺，小时候家境良好，不需要考虑吃饭问题。难怪会给我"不情不愿"的印象。说不情不愿也不对，他只是没有一般人们印象中厨师的那种"油"劲儿。他是68届初中毕业后随上山下乡的大潮去了苏北农场，也许正是在贫瘠的盐碱地上，他真正体会到了浪潮般涌来的对食物的欲望。那个年代里，年轻人对于食物犹如对于爱情一样热切渴求，在爱情的念想中沉沉睡去，又常常被饥肠辘辘唤醒，对于食物的憧憬像怀着爱情一样令人坐卧不宁，惶惶不可终日。蒋晓初熬过了五年。正是在这样的现实背景下，当蒋晓初回到城里并被安排做长城电扇厂食堂工作时，他是欣然接受的。性格使然，他无法挑剔工作，只有兢兢业业去做好，做到最好。

恰逢 70 年代中后期，新老交替的年代，思想界如此，各行各业也如此；新中国成立后出生的孩子已长大成人，旧中国过来的手艺人在老去，缺憾多多，机遇也多。蒋晓初在苏州菜馆（得月楼前身）完成了烹饪技艺的学习后，从七十多岁老师傅手里接了班，担负起电扇厂食堂的烹饪重任。随着长城电扇的名扬天下，厂里不断有领导视察，全国各地的商家参观学习，外商代表团的来访，长城电扇厂食堂更是重任在肩，接待任务络绎不绝，如何用菜肴的魅力来影响他们，让世界各地的人领略并且接受，蒋晓初功不可没。他大胆尝试着将西餐引入苏帮菜中，赢得了中外来宾的啧啧称赞，这一创造性的举措逐渐在餐饮江湖蔚然成风。各种宴席、鸡尾酒会、冷餐会，蒋晓初沉着应对，他是将菜肴当作长城电扇来做了啊，每当客人吃得笑逐颜开，蒋晓初心里的自豪感和成就感油然升起。

从企业食堂，再到市政府机关食堂，功成身退后又转战电视里的千家万户，大师蒋晓初一直在平民中行走。

作为一个"中国资深烹饪大师""苏帮菜宗师"称号获得者，他虽然退休了，但要做的事还有很多，他一直在想，在思考。古人说："食必常饱，然后求美。"随着时代的发展，城市的扩大，新苏州人的融入，苏帮菜必须要往前走。他反复强调着一个烹饪理念：继承，融合，创新。如何融合？在什么样的基础上推陈出新？他一直在思索，在实践。他曾设计制作了无数的家常及宴用菜肴，如姜松桂鱼、生蒸乳腐汁肉等被列为江苏名菜，收进了《江南第一宴》和《新潮第一宴》菜谱，流传于世。如今他更是身体力行，在餐饮的园地里耕耘着，用自己的严谨和认真，为美食天地送来姹紫嫣红。

大师傅

陶　立

其实我是不太高兴吃食堂或者盒饭的，总认为吃起来少了些生活的趣味，可仔细想想，好像生活又离不开食堂和盒饭，从孩子上学开始，食堂就贯穿了整个学生时代，等到毕业工作了，单位食堂又要陪伴自己的大半辈子，即便是退休过后，也难免要吃一两顿盒饭吧，我觉得有些类似白开水，虽然平时很少关注到它，可没有了白开水的日子，实在是过不下去的。

蒋晓初先生做过机关食堂里的大师傅，但他和我印象里的食堂师傅又有些不一样，他是负责安排调度和人员分配的，打个比方吧，假如别人是拍电视剧的武打明星，蒋师傅就是幕后导演，平时不怎么出风头，但电视剧的好和坏全在导演手上。蒋师傅说食堂工作要做到像艺术品似的严丝密缝，把单位领导和员工的伙食安排得妥当满意，遇见紧急情况了，伙食准备甚至是要按照分秒来计算的，绝不能出半点差错。

要做一个合格的食堂师傅，肯定是要会精打细算的，毕竟吃食堂和吃饭店是不一样，吃客如果上饭店，想吃得好点就加份虾仁、火方什么的，平常些就点排条或者鱼片，全照着自己的心意来，吃完后按照价格买单走人。但食堂讲究的是价廉物美，一边要考虑价格，一边要想着口味的好坏，总不好指望员工在食堂吃掉个几百上千的。

蒋师傅认为食堂的精髓往往在一块红烧肉上。红烧肉是个全能的多面手，首先油水充足容易下饭，一块肥瘦相间的红烧肉，配上一碗白米饭，放在以前就有些过年的味道了。剩下的汤汁也不好浪费，放些百叶结或者萝卜什么的，等到把里面的肉汤充分吸收掉，出锅了又是一道小菜，真是物尽其用。

现在要吃块合格的红烧肉不容易，一方面是猪肉价格飞涨，红烧肉的成本太大，而且很多地方烧起来也不用心，往往看了就已经没了胃口，更别提送到嘴里了。据说蒋师傅食堂里的红烧肉很好，色泽鲜亮，浓油赤酱，烧出来紧实鲜嫩又不垮塌，这一听就是得了红烧肉真谛的，真是羡慕那些吃过蒋师傅食堂的人啊。

我对食堂的感情是在评校慢慢培养出来的，读书时候可能是因为学校里的男孩子比较少吧，所以食堂的阿姨们总是对我很照顾，总是给我多放些荤菜，关照我长身体要多吃点。毕业过后进了评弹团，平日虽然是下午演出，但是一般演出的地方比较偏远，怕耽误上台时间，所以中午也是将就着对付，现在想想，那时候如果能在蒋师傅的食堂吃饭该有多好。

蒋师傅在退休过后的日子很有趣，我一直在电视上看见他的。苏州台有个节目叫《乐活六点档》，专门介绍美食的，很受观众欢迎，节目里有几个美食界资深的特邀嘉宾，蒋师傅就是其中之一，他会带着美女主持人走街串巷，在店家或者老百姓家里去发现一些好吃的菜品，天南海北都有，苏州有几家小吃店就是因为这个节目红火起来的。

一般来说，别的大厨到年纪了都会收徒来继承自己的衣钵，但蒋师傅没有，他说自己很久没有亲自下厨，没办法手把手再去教学，而且平时太忙了，根本没有时间，收了生怕耽搁徒弟。其实别的不说，徒弟只要学到他几十年如一日的工作态度，也能受益一生了，更何况他还有许多的看家绝技呢。

风轻云淡之上

许　可

我是不太喜欢御厨这个名称的。在我们这里凡是冠上一个御字，就意味着皇家专享。可是国人偏偏就是爱这个，除了"御用文人"这个词不好，其他都好。特别在房地产界，御，是使用率最高的一个字。很显然这个御字已经与皇家脱钩了，突出的是顶级之意。如此说来，御厨就是顶级大厨了。

不过在烹饪江湖上，御字还是有确切含义的。老话说自古苏州出御厨，比如清代的张东观，就为乾隆皇帝服务了近二十年，最终也是另外两位苏州厨师顶替他，张东观才脱身回苏养老的。这一传统到了当下，就得说起潘小敏大师。

我觉得潘大师最有魅力的就是他的微笑。那是风轻云淡的笑，一切过往，无论显赫的喧哗还是孤独的坚持，在他那儿都是一笑了之。那风轻云淡里还有一丝调侃的意味，特别是对他自己。

说起自己职业生涯的起点，大师说起当年作为知青下放到太仓，吐槽自己说：我不会烧菜的呀，从来没烧过菜，也不感兴趣，都是吃现成的。

说起那年在北京与各地派来的厨师一起参加考试，他才烧了两道菜，就不要他再烧了。他还以为自己就这样落选了，没想到这就算考过了。

说起北京申办奥运会之前的一年多时间，他在外交部大楼十七楼里待了十几个月，接待各国来宾，那么长的时间里他几乎没下过楼，连香烟、牙膏之类的日用品他都是让别人去买。一来自己一门心思做菜，二来下楼出门一趟得过一二十道岗：索性不出去，省得烦！

说起在驻法大使馆的几年，还曾随国家领导人出访他国，为各国元首做菜，把华夏古国的美食介绍给那些在这个世界上叱咤风云的人们，那就远远超出御厨的含义，我甚至认为那无疑带有着民间外交的意思，稍微夸张一点说，那就是美食大使啊。

说起为法国总统希拉克做家宴，他是费尽心机，如何才能最大限度地展现中国烹饪的魅力，又要照顾到那些特殊吃客的年龄、饮食偏好、不同的文化背景，那真是一门大学问。说到这些，潘大师举重若轻地边笑边说，我胆大的呀！

胆大只因艺高。不是由于潘大师以他的绝顶技艺征服了那一众吃客，希拉克怎么会专门到厨房里感谢他，还郑重地赠送他两瓶上佳葡萄酒？

潘大师的微笑里透着大师范儿，往事如烟，亦庄亦谐，过往岁月都跟玩儿似的。其实我知道，一位厨师能达到如此境界，玩儿是玩不出来的。他得经过多少勤思苦练、辗转反侧，才能登上绝顶，一览众山啊。

陶老师是潘大师的老朋友，说起潘大师，陶老师笑了，这个人啊，所有的心思都用在琢磨菜品上了。

这就对了，这便是他风轻云淡的底蕴，他的泰山。

忽然想到希拉克送他的两瓶酒，本来按照外事纪律得上交的，领导想想还是给他留了一瓶。那瓶酒他是带回家展示在荣誉柜里，还是和使馆的同事朋友们一起喝了？我想肯定是后者，那才符合他的范儿。

做国宴的苏帮菜大师

高 琪

潘大厨满头白发，面容清癯，作为一位苏帮菜大师，不仅不胖不油腻，还有些倜傥之气。这多少有点出人意料。

在厨房里浸淫数十年，即使不大吃大喝，这儿闻闻那儿尝尝，也该胖了吧？但是，我回想见过的几位苏州大厨，竟然大多不是胖子。连苏州的美食家，也有别于中国其他地方，从陆文夫先生开始，不仅没有胖子，而且几乎称得上玉树临风。陆文夫笔下的朱自冶，天天研究吃喝，却也是个瘦子。

和潘大厨讨论了一下这个问题。潘大厨说，苏帮菜是吃不胖的。苏帮菜是在国宴上唱主角的，多用河鲜，原料新鲜，做工考究，少用调料，讲究本味。吃这样的菜，怎么会胖呢？潘大厨说得轻描淡写，我却听出了睥睨天下的意思。

潘大厨叫潘小敏，是做国宴的大厨。他有很多头衔，"中国烹饪大师""江苏省旅游系统首席技师"，获得过"亚洲国际厨皇终身成就奖"，还是江苏省劳模、苏州市优秀共产党员。17 岁初中毕业上山下乡，21 岁进昆山饭店工作，35 岁进胥城大厦，从领班、厨师长，做到行政总厨。1997 年，46 岁的潘小敏被选拔调往外交部，分配到中国驻法大使馆工作。在那里，他常常需要准备上百人的宴会，甚至上千人的冷餐会，还会为国家领导人出访期间准备一日三餐。调回北京之后，他又为申奥工作，做过一百多场国宴。

那一桌桌精美华丽的国宴，那盛大炫目的场景、精致的菜看、令人惊叹的美味，对潘小敏来说，是骄傲和荣耀，更是紧张和辛劳。每办一场国宴，不仅是对一位大厨技艺的检验，还是对他的应变能力、协调能力和承受力的考验。有一次在希腊为出访的国家领导人准备宴席，潘小敏需要日夜守在厨房里，以保证食材和厨具的安全，他连续在厨房里待了三天三夜，几乎不敢睡着，直到晕倒在厨房里。还有一次，当时的法国总统希拉克在古堡中宴请时任中国国家主席江泽民，潘小敏奉命去准备中餐，原本只要准备一份中餐，临时改成准备 20 多份中餐，潘小敏沉着应对，还是出色地完成了任务。

最让潘小敏骄傲的，是在国宴上做他拿手的苏帮菜。比如孔雀迎宾虾，就是由苏帮菜的清炒虾仁演化而来。苏州人以虾仁待客，取其谐音"欢迎"，这是唯有苏州人才能懂得的"梗"，而加上孔雀开屏的形象表示欢迎，就直观多了。为什么国宴爱用苏帮菜？潘大厨说：做工讲究，原汁原味，容易消化吸收，健康养生。

潘小敏人如其名，敏而好学。他说，做厨师，就是要多做，肯吃苦，多尝试，熟能生巧，还要多向别人学习。初中毕业下放到昆山乡下，从没干过农活的潘小敏，很快就干得像模像样，21 岁进昆山饭店，不会做饭的潘小敏很快就上了手，靠的都是虚心学习，勤学苦练。

如今，潘小敏从北京回到苏州，担任书香酒店集团的行政总厨。回到家乡之后的这十来年里，潘小敏收了不少徒弟，传承技艺，同时发展苏帮菜，挖掘苏州历史文化，开发出"吴王宴"等新菜系列。

吴王宴罢满宫醉，那是 2500 多年前的国宴。苏帮菜满足的从来不只是口腹之欲，还有苏式生活的滋味，以及历史的想象。爱吃苏帮菜的人有福了。

苏味使者

聂梦瑶

有那么一段时间，特别想买几个别致、称心的餐盘，浏览足迹里记录着上百种被我细细端详过的盘子，日式、美式、北欧风、复古风，却迟迟没把哪怕一件加进购物车里。这件造型别具一格，但存储清洗颇有诸多不便，那件图案赏心悦目，却处处限制着菜品的种类和摆盘。厨艺尚不到家，再要考虑菜点菜型的协调搭配，想想就觉得伤神。买盘子的事，大约快半年了，也就这么过去了。

不仅做菜是个新手，吃菜，我也是个只会看热闹的外行。城市综合商业体里的创意餐饮，以及从街巷角落里忽然冒出的小馆，时常能让我惦记着要去尝鲜。如今吃饭不同以往，我们常常会因店家的噱头蜂拥而至，而非单纯为了给味蕾一份久违的赏赐。于是，在天南海北、酸辣咸甜的各式菜肴中跳跃就成了一种好奇和乐趣。

普通人的好奇是针对新异的物事，若能对了然于心的日常产生好奇，恐怕就离大师不远了。我自然是个普通人。除去传统节庆和宴会招待，我已记不清有多久没把苏帮菜作为主动选择的目标了。我的生前二十年，很少接触到苏式口味以外的餐食。大学以后，潘多拉带着她装满各地美食的匣子找到我，我想也没想就打开了。或许，在苏帮菜将要跳出来的时候，我关上了匣盖吧。

不识苏菜绝伦，只缘身在姑苏。每次出远门游玩，待到最后两天，就会无比思念那口清炒虾仁的鲜滑，那碗酒酿圆子的甘甜。在《舌尖上的中国》看苏式菜点的制作和成品，让我对这"日常"又产生了好奇，明明精致如小家碧玉，却俨然大家闺秀的大气。

苏帮菜确实是大气的。

有幸在一次宴席间遇到了"苏帮菜宗师"之一的"御厨"潘小敏。潘大师身材高挑清瘦，脸上总吟吟挂着笑，若不说，你断不会想到他曾两度在外交部掌勺，担当国宴重任。60 年代末，17 岁的潘小敏上山下乡，到 21 岁进昆山饭店学厨，早上切配晚上炉灶，勤奋聪慧的他只花了别人一半的时间便学成出师。十年后调到苏州物资局主管后勤食堂，直到筹建胥城大厦时因缺少厨师，热爱做菜的潘小敏毛遂自荐再度回到厨房。1997 年 7 月，潘小敏接受委派前往中国驻法大使馆，筹备即将举行的八一建军节千人冷餐会。当时，原本负责冷餐会的厨师提前回国，临危受命的潘小敏来到法国后几乎一个星期没有合眼，一人主理一千人的餐食。从此，潘小敏的名字被知晓，多个国家的中国使馆里都曾留下过他忙碌的身影。

我们问潘大师，在国外四年游历了多少名胜。潘大师摆手摇头，哪有机会。撇开严格的制度不说，光是备菜的压力就非常人能忍受。在阿尔及利亚的时候，潘小敏曾有过三天三夜不出厨房，为了少去卫生间而不吃饭，最后硬生生晕倒在地上的经历。还有一次在希腊机场，由于工作人员联络上的疏忽导致没有人接机，人生地不熟又不会外语，潘小敏拉着满满一箱子的新鲜食材差点急出心脏病。

大家说他太老实，潘大师笑笑说，准备宴会要考虑很多，不能违背对象国家的习俗文化，也不能使用容易过敏的食材，有时还要结合重要领导人的身体情况，时间紧，要求高，万不能出一点差错，对体力脑力都是考验，无暇顾及别的，就想着要把我们苏帮菜做好。

话说回来，潘大师是如何成为"御厨"的呢？正是八味花碟蝴蝶冷拼和孔雀虾仁两道经典苏帮菜，让潘小敏在1995年一场250人的选拔中拔得头筹。

或许与苏州人性格有关，苏帮菜直到今天依然是养在深闺。但谁道闺阁不知戎马事，国宴瓷盘早已盛上了潘大师的苏滋苏味。

"四根一家"打天下

华永根

20世纪70年代，在苏州餐饮界出现了一个"四根一家"打天下的现象，这"四根一家"指苏州餐饮界五位超一流大厨：张祖根、吴涌根、邵荣根、屈群根、刘学家。

这五位大师都是从小在旧社会学生意逐步成长起来的烹饪大师，他们个个身怀绝技，行走在烹饪技艺道路的前列。这"四根一家"的称呼，不是苏州人自己起的，而是由省内外同行送出的。他们在省内外不少烹饪大赛中屡屡获奖，是江苏省政府第一批授予的"特级厨师"，在省内及全国餐饮界颇具影响力。这五位大师专注于苏帮菜的烹饪提升与研发，又对烹饪理论深入探讨，注重对苏州饮食文化的保护与宣扬，在省内外学校烹饪班上总能见到他们授课的身影。他们对苏帮菜的传承和提升及苏帮菜厨师的培养都起到了不可替代的作用。

这"四根一家"是:

张祖根是常州武进人,十六岁进苏州百年老店松鹤楼当学徒,从事饮食行业已有五十个年头。他平时刻苦钻研业务,熟悉苏帮菜的制作技艺,在长期的厨师生涯中练就过硬本领。他既能切配,又善烹调,对苏帮菜中的炖、焖、煨、焐有独到技法。他制作的母油船鸭、扣三丝、蟹酿橙等都作为经典载入苏州的菜谱中。他是五位大师中最有文化的,能说能写。他曾任苏州饮服公司副经理、苏州市商业技工学校校长,从事烹饪技术教育工作,堪称桃李满天下。由他领衔组织撰写的《中国苏州菜》一直流传至今。

苏州市特一级厨师吴涌根是无锡人,长期从事烹饪事业已有四十多年,先后在苏州新安茶室,木渎石家饭店,南京、上海等地菜馆、饭店任点心师。20世纪50年代,吴涌根被聘为市交际处烹饪大师,在南林饭店工作,不久升任副总经理。吴大师是一位不可多得的烹饪高手,他善做点心(尤其是苏州传统茶点、船点),亦擅长苏式菜肴;既善做中国菜,又能做西餐。难能可贵的是,他在烹饪领域不断追求创新。他烹饪的菜品清新味美、咸甜适中、造型别致。如冠云峰船点、芙蓉莼菜、海鲜酥皮盅、南林香鸭、蒜香排骨等都已成为苏州的名点名菜。吴师傅不抽烟、不喝酒，唯一的爱好就是烹饪。陆文夫曾评价吴师傅说他是对烹饪从不厌倦的人，称他为"江南厨王"。吴大师平时利用业余时间把自己积累的烹调经验，撰写成《新潮苏式菜点三百例》，书法家费新我为他题词，称他为"时代名厨"。

苏州市特级红案厨师邵荣根，十三岁进入饮食业学艺，他虚心好学，刻苦钻研，勤于思考，不断丰富自己的烹饪技能知识和实践操作的本领，他那种钻研劲头造就了他一身绝技，行业中都称他为"巧师傅"。他刀功特别厉害，由他制作出的冷盆无论造型、刀法、色彩都堪称一流。他制作的"满园春色""鸳鸯戏水"等艺术冷盆，"蝴蝶海参""千层鳜鱼"等热菜都已编入烹饪教材以示后人。他也善做西餐，曾在苏州烹饪技术培训班中任教，不久被派往日本东京使馆掌勺，回国后任苏州园外楼饭店主厨。

苏州市特级白案厨师屈群根是泰兴人，他十六岁进苏州松鹤楼学艺，拜张福庆为师，已有近五十年工龄。屈群根擅长白案中发面、呆面、水面、油面四大面团的制作，他制作的苏式小笼、加虾烧卖、藕粉饺、盒子油酥等都成了名点，尤其是制作的百花争春苏式船点则是他的绝技。屈大师为人热情，善交朋友。有段时间，每星期五早晨都有一群朋友在他家喝茶聊天。他又是一个热心人，别人有困难，只要找到他，他总是想方设法帮忙解决，因此在厨师界有一句话——"有事去找屈阿胡子"。屈群根曾当选过市政协委员，后又任商业技工学校烹饪指导老师兼萃华园顾问。

刘学家是特一级红案厨师，盐城人，从小做童工就学烧菜帮厨，擅长烹饪苏帮菜。身为苏州著名松鹤楼菜馆主厨，他制作的松鼠鳜鱼被定格为"刘式"。刘大师为人谦和能说，在"四根一家"中是最会说话的。他未正式上过学，但在社会大学堂里练就一套处事待人的本领。他喜评弹爱京剧，更爱生活。他酷爱足球，世界杯期间他会整日整夜看足球赛，平时他爱喝酒喜烟茶，爱说笑话，跟他在一起总是笑声不断。退休后他在家仅靠退休工资生活，生活上无过高奢求，整天自寻快乐，他常说"皇帝万万岁，小人日日醉"，是一个既有技艺又懂生活的大师。1983年他荣获全国"优秀厨师"称号。他亲手创制的桃园三结义、早红橘洛鸡、虹桥赠珠等名菜，被收编在中国名菜谱及江苏省名菜大典中。

"四根一家"都各有自身特点，他们的共同之处是热爱烹饪事业，热爱自己的工作岗位。他们从旧社会走过来，吃尽苦头，却越发敬业、乐业，从不计较个人得失，一心一意扑在烹饪事业上，特别注重苏帮菜的传承与发展。

一个人的力量是有限的，当苏州的"四根一家"抱团出现时，那强大气场所向披靡。在全省首届"美食杯"烹饪技艺锦标赛上，他们刮起一股"四根一家"旋风，夺金获银，有时他们受邀请率团去上海、南京等地交流表演苏州菜点，所到之处极受欢迎，名震四方。有时接到宴请重大外宾、国宾的任务，他们总会聚在一起，研制接待菜单。他们五人中有人善做冷菜，有人善做切配热炒，有人善做白案点心，各有强项，这样的配合真乃天衣无缝。如 1974 年 11 月 29 日在南园宾馆宴请美国国务卿基辛格博士和夫人时的菜单由吴涌根大师牵头，商议出的菜单有：

冷菜：花篮冷盆；热菜：蟹黄鱼翅、口丁鸽蛋、黄泥煨鸡、蜜汁火方、锅烧肥鸭；点心：苏州船点；甜菜：樱桃银耳。

这次接待宴请大获成功，特别是苏州的蜜汁火方给基辛格博士留下深刻印象，以后几次他来苏都指定要品尝此菜。他又把此菜介绍到美国，称为"基辛格蜜方"。苏州著名作家美食家陆文天曾说道："四根一家"这些大厨聚得起、谈得拢，能吃到他们亲自制作的菜点是一种幸事。多年后陆老开设"老苏州茶酒楼"聘"四根一家"为顾问。

与"四根一家"同代的另外一些烹饪大师，他们大多默默耕耘，在各自的工作岗位上做出了不平凡的成绩。如黄天源糕团店冯秉钧大师，他擅长制作"花草结顶"等艺术糕团，他编写的《苏州糕团》一书流传至今，影响深远。他的高徒孙吉祥糕团大师，继承冯大师的糕团制作技艺，在花色糕团制作上开拓创新，使苏州传统糕团技艺代代相传，在苏浙沪一带有口皆碑，名扬海内外。得月楼菜馆特级红案烹饪大师陆焕兴，有着深厚的苏帮菜制作技艺，擅长刀功切配，干货涨发，烹制的特色菜肴色香味形俱佳，他在得月楼里创新制作的得月童鸡、西施玩月、甪里鸭羹、虾蟹两鲜等名菜深受食客欢迎，堪称经典。另有一位得月楼特级白案主厨朱阿兴，心灵手巧，擅长制作苏式各类面点，尤其是他制作的苏式船点蟾宫折桂、枇杷园、绿豆糕、枣泥拉糕等品种色泽和谐，小巧玲珑，口感上佳。这些大师与"四根一家"都有一个共同特点，安心于烹调，刻苦钻研技艺，虚心好学，练就一身过硬本领，对苏帮菜发展做出了卓越的贡献，他们中间大部分人已离世，但他们留下的不仅有高超的烹饪技艺，更有宝贵的精神财富，正不断激励后辈的餐饮技艺工作者，从中汲取营养和动力，在传承创新苏帮菜制作技艺的道路上疾步奋进。

烹煎妙手强云飞

华永根

　　强云飞是一位资深中国烹饪大师，由于烹饪技艺超群，早在 1986 年，省政府便授予他"特三级红案厨师"称号。他虽身怀烹饪绝技，但为人和善、不善言辞、从不张扬，一直以"老好人"的姿态出现在众人面前。

　　如今，强云飞已七十岁了，但他宝刀未老，仍驰骋在烹饪第一线。他主导掌控操办的"一桌店"声誉卓著，是姑苏城一桌难求的私房菜名店，供应的都是正宗地道的旧式苏帮菜。

　　早年间强云飞是一位知青，初中时就是"学霸"，成绩出类拔萃，喜读"四书五经"，尤爱阅读《红楼梦》等文学名著。在农村插队返城后被派往苏州烹饪技术培训班学艺，正式进入烹饪行业。他师从著名苏帮菜"祖师爷"张祖根，深得恩师宠爱，加之勤学苦练，技艺大进，此后愈发热爱厨师职业。有道是："情不知何起，却一往而深。"

从烹饪学校毕业后，别的学生都派往各处工作，强云飞却选择留校从教。那几年他虽为人师，却愈发虚心好学。他十分敬仰身边老一辈的大厨，如：刘学家、邵荣根、朱阿兴等，他们高超的烹饪技术、精益求精的精神以及对餐饮事业的敬业品质使得强云飞暗下决心，一定要学好这门手艺！

留校期间，他由于表现出色，被领导推荐到中国驻马达加斯加大使馆工作。在使馆工作期间，他充分运用所学到的苏帮菜烹饪技法，选用当地的食材，巧妙融合创新，总是把饭菜做得有滋有味，深受好评。在使馆宴请中必用的那道"清炒蟹粉"，他大胆选用当地的鲟（蟹）为原材料，又运用苏州大闸蟹中现拆蟹粉手法，加入多味调料烹制而成，色香味美，使得这道菜肴成为使馆宴请的必用名菜。此外，他还辅以制作一些著名苏式小点、烧卖、油酥、拉糕等，所以每次宴请总会赢得宾客的一致赞扬。使馆工作虽辛苦，不过能够走出国门，拓宽了眼界，也学到了不少的新知识。两相得宜，强云飞在那里一干就是三年半，这三年半的时间锤炼了他一身的真本领，提升了职业荣誉感，也造就了他过硬且良好的厨德、厨风。

回国后，强云飞大师到苏州功德林素菜馆工作了一年，这对他来说是陌生的，但又是相通的。因此，他从头开始认真学习寺院素斋的制作技能。同时，结合以往的中餐烹饪技法，又融入国外使馆中学到的西餐西点技艺，融会贯通，从而蜕变为多项烹饪技术在身的“多面手”大厨。

“是金子总会发光的”，这句话用在强云飞身上可谓恰如其分。1984 年，苏州王四酒家开业，已是“多面手”的强云飞被任命为副经理兼厨师长，在这期间他把常熟名菜、名点，如叫花鸡、血糯八宝饭、爊焐油鸡、冰糖葫芦、桂花酒等引进店里，又适时结合苏州传统名菜，时常创新菜品。这些菜肴制作精良、风味独特，深受消费的喜爱，一时“王四酒家”名声大振、生意红火。

在烹饪事业长途中，每一位有理想的厨师总是在不停奔跑，总想技术强于他人、先于他人，但不是每一位都能成功的，机会往往只青睐有准备的人。在同年举办的江苏省首届烹饪美食杯技艺锦标赛上，强云飞制作的“蟹黄扒翅”“金玉满堂”荣获最佳菜肴奖金奖，捍卫了苏帮菜的地位，为苏州争得了荣誉，强云飞实现了学徒伊始的理想，一举成为苏帮菜第二代领军人物。

经朋友介绍，他被中国著名油画家陈逸飞聘为私人家厨。陈逸飞先生不仅艺术素养高而且为人谦和，将强大厨视同朋友。强云飞兢兢业业，精心制作出了许多深得逸飞先生喜欢的菜点。

比如逸飞先生最中意的红烧肉，强大厨采用苏帮菜特别的烹调技术，将加工后切配好的方肉，一次加入多种调味置于小砂锅中，再把砂锅放入铁锅内，加盖干烧 5 小时以上方可焖制而成，可谓用心之至。因而逸飞先生对强师傅说："我吃过许多红烧肉，只你烧的肉与众不同，特别香郁鲜糯，入口即化，实在是太好吃了。"

多年以后，强云飞大师又奔赴南京中级人民法院苏州法官培训基地工作，强大师以他一贯认真的工作态度及他对烹饪事业的热爱，又被评为"先进工作者"。随后，因基地迁回南京，强云飞大师调入苏州"吴地人家"当上厨艺总监。除了扎实的烹调技术功底，他还有些文学功底，在那里，他既当演员（烧菜），又当导演（指导），同时收集记录到许多戏曲中的唱词、曲牌名，开发恢复了苏州船宴，创制花宴、昆曲宴、红楼宴等雅宴，出品了许多文艺类的菜肴及宴席，一时在苏州引起了轰动。

强云飞大师退休后，并没有放弃自己心爱的烹饪工作，反而愈发"志在千里"，更加潜心钻研苏帮菜烹饪技术。他在生活中没有其他爱好，就连读书也是为了给烹饪寻求灵感。他视烹饪为命，视灶台厨房为家，一心一意扑在技法的自我革新上，深得朋友与同行的敬重。

如今，强云飞大师对主理自己的"一桌店"，热情似乎越来越高。他像"劳动模范"般数十年如一日，对烹饪全身心投入，孜孜不倦研究发扬苏帮菜，清晨骑着车到菜场采办鲜活、时令食材货源，回来则"细模细样"加工一整天，晚上亲自上灶烹制出令宾客"弹眼落睛"的佳肴，征服所有到他那里的食客。心爱的烹饪事业常常让他忘却时间，且越做越欢喜。他的所作所为绝没有半点功利性，只为内心的热爱与理想罢了。

用强云飞大师自己的话来说，平时就是"读点书，写点东西，做些菜"。他爱读《红楼梦》，已通读多遍，且每次通读都受益匪浅，总是能寻找出新的灵感，他研究思索，有时也会写点菜单，记录一些做菜的心得体会，不断激发自己的做菜潜能，想制作出心中最好的"红楼宴"。此番他制作的"红楼宴"，以金陵十二钗对应十二道菜。每道菜第一个词为烹调技法，如：林黛玉对应"清炒凤尾虾玉"，王熙凤对应"烩香煎油蟹斗"，元春则为"扣蒸金玉满堂"，而薛宝钗便是"慢火烂鸡鱼翅"……这菜名对应人物实在是意到情到。有句话说得好，"今菜不知古菜样，今人不知古人味"，他认为文学名著中的菜肴，不必刻板照搬、照套，须意用为上。经过不断磨炼、提升，这席"红楼宴"最终成品口味一流、格调高雅、实用性强。著名作家、美食家陆文夫曾说："到饭店吃饭就是吃厨师。"像强云飞这样一位技艺精湛又熟读《红楼梦》的高手厨师，其制作的"红楼宴"分量自然不言而喻。

强云飞大师在烹制一桌特色苏帮菜宴时，总是遵循旧法，结合时令地产食材，又运用一些时下新的技术，使菜品走向一个又一个的高峰。他常用的一款名为"全家福"的菜品，色彩鲜艳、汤鲜物美、刀功齐整，寓意吉祥，是从旧时苏帮菜中"荷花什锦炖"中演变而来的，现已成为到他那里必吃的一道当家菜。另有他拿手的蜜汁火瞳，采用旧时常用的泼淡法，在笼上加水蒸制泼淡，蒸制要做到"五进五出"，一道程序都不能少。另一只食客必点菜看炸猪排，他仍采用猪后腿上的一块老肉，批薄后用刀板拍松，加入调料，必用咖喱粉，用实心馒头捣碎晒干成粉，拍粉油炸，成品用辣酱油蘸着吃，环环相扣不走样，因而声誉鹊起，食客越聚越多。

餐饮业中一些年轻的同行也会常来强师傅那里，讨教苏帮菜的技法，强大师总是毫不保留地传授自己烧菜的做法及体会。一次，一位年轻的小厨师上门讨教黄焖鳗的做法，说道："前天晚上我家老板在您处吃了黄焖鳗，大加赞叹，鱼肉洁白紧致鲜美，皮不破，鳗段咸鲜粉糯，回味又有丝丝甜味，能否向您讨教做法？"强大师便细细告知烧黄焖鳗的多道环节，听者频频点头。最后强大师又细心地着重指出，鲜鳗割杀后洗净切段，应放入冰箱预冷格里 2 小时以上，这样出来的鳗鱼皮在烹烧时才不易破脱，小厨师因而恍然大悟。强云飞大师就是这样，对自己烧制菜肴的方法从不秘不传人，而是包容开放，只要肯学，他总会耐心教。故而在他身边时不时地总会聚集一批厨师，闻之皆是在纵论厨艺，相互取经学习。

"烹煎妙手强云飞"是一位行业中前辈送给他的雅号，强大师确是一位苏帮菜的烹饪高手、一位苏州烹饪界的传奇人物。他把烹饪看作自己一生的追求，安心欢喜，爱如生命。虽然年已古稀，腰板不直，步履蹒跚，但每天仍站在灶台前，与烟火为伴，与刀板为亲，不断运用他高超烹饪技艺，奉献出一席席一道道的美味佳肴给食客享用，他说，这是他最大的快乐。

在苏州真有这样的大厨，他信奉：美食别人，就是美食自己。

素食天地

·

·

华永根

姑苏第一家素菜馆功德林蔬食处创建于民国年间，店设在阊门外鸭黛桥南堍，店老板姓何，宁波人，信佛教。通过佛事活动，他结识的绅商信佛者众多。因那时苏州还没有食素的地方，喜欢吃素的人感到很不方便，而且食素人有增无减，何老板灵机一动，与诸好友筹集资金择址开设功德林蔬食处，专办洁净美味的纯素菜肴，并于1926年5月正式开业。早市供应素面，中晚有纯素菜肴，质量上乘，吃素者络绎不绝，生意兴隆。店楼上设置小佛堂，做佛事时香烟缭绕，念经声不绝于耳，敲木鱼发出的笃笃声不停。随后又在城里太监弄"吴苑深处"东邻设分店，以一碗素浇面打响名号。同年更名为"功德林协记素菜馆"，并重新整修，楼下添置散座位子，楼上设雅座、包间。除早点、散吃外，又有正筵供应，特聘名师督治，因而素菜馆生意红火，吃客不断增多。不久在宫巷、太监弄口冒出一家效仿"功德林"的三六斋素菜馆，但仅经营半年左右就歇业。"功德林"从此在苏州餐饮行业中有了一席之地。

苏州素菜馆使用食材有面麸、豆类、菌类、竹笋，这四样在素料中号称"四大金刚"。旧时，苏州郊外在清明节后有蕈类出产，苏州人称为"塘蕈"。此蕈小而圆、嫩而脆，鲜美无比，多产于山丘松林深处。苏州人特制的桂花塘蕈是吴地素菜中的特有珍品。那时素菜馆出售的素菜，菜名、形态都模仿荤菜，冷盆菜如"白鸡""烧鸭""火腿"等，热炒如"炒什锦""炒三鲜""红烧鱼块""鳝糊"等，大菜如所谓"全鸡""全鸭""全鱼"等，一般都使用豆腐衣、素鸡、香菇、土豆等食物来仿制，形态逼真、惟妙惟肖。那时素菜馆的素菜宴席价格一般远远高于荤菜馆同等规格的价格。

那时苏州地区除有"功德林"出售素菜外，寺庙、庵观中的素菜也颇具特色，有别于社会上的素菜馆。据《吴中食谱》记："寺院素食，多用蕈油、麻油、笋油，偶尔和味，别有胜处，城中佛事近都茹荤，故素斋亦绝少能手，旧时以宝积寺为最，然不及玄墓山圣恩寺，有山蔬可尝也。"另《清稗类钞》载，乾隆下江南时曾特地到寒山寺品尝素菜，大加称赞。城内玄妙观中有专职厨师，所以该观素菜深受大家欢迎；另有一位姓杨的道观厨师在正山门自设炒面摊，生意兴隆，营业一直至深夜。多年后因多种变化，一些寺观厨师纷纷转入"功德林"等素菜馆，并把寺观素菜特色带入民间社会，从而进一步发扬了素菜。还有一些尼庵，逢斋日常将自制的蕈油、香椿头油、笋豆、巧果等馈送施主，齐门外堵带桥下塘的瑞莲庵内有名贵的并蒂莲，每逢盛夏观花赏荷者甚众，庵尼常备这些素食以飨食客，风味淡雅胜于食肆所卖素食。

在苏州的素菜业中，不得不提一位素菜大师——出生于扬州的僧厨陈德宽先生。陈德宽先生曾开设觉园素菜馆，中华人民共和国成立后，他又在乐苑蔬食处、乐苑素菜馆、江南素菜馆等处工作，最后正式主持"功德林"工作。陈大师从事素菜烹饪几十年，技艺高超、经验丰富，最拿手的是素菜荤做，他制作的"金钱猪排""香酥肥鸭""清炒蟹粉"、焦炒面筋、酸辣汤、菠菜浓汤都成了"功德林"的经典菜品。他根据苏州时令变化推出春季"龙凤腿"、夏季冬瓜盅、秋季莲蓬豆腐、冬季蓑衣冬笋，其厨艺赢得素菜食客称赞。那时恰逢柬埔寨国家元首西哈努克亲王来苏访问，苏州市有关部门特邀陈大师在南园宾馆为贵宾献艺，赢得外宾赞叹，由此陈德宽大师成为苏州素菜行业中一代宗师，名留史册。他制作的素菜现已成为教学范本，将代代相传下去。陈大师除自己制作素菜外，还收了一位高徒——孙志强先生。师徒俩曾在江南素菜馆、"功德林"共事多年。20 世纪 80 年代，"功德林"在太监弄东扩大经营面积，装修一新，环境素雅。孙志强在那时就已任"功德林"经理，他除做好全店经营管理工作外，还向陈德宽大师学习烹饪技艺，他一贯工作认真，虚心好学、刻苦钻研技艺，在素菜制作上形成自己特有的风格，也深受其师的赞许。他又吸收广式菜肴中的烹调技法，制作出各种素食的煲菜及火锅。在不同季节就地取材，推出时令素食佳肴，比如：春季的腰果烤笋，夏季的"虾子茭白"、腐衣卷，金秋的糖醋藕片、"红菱鸡片"，冬季的"菊花青鱼""荠菜鸡柳"。这些菜一经推出就大受市场欢迎，食客蜂拥而至，那段时间，"功德林"真是生意兴隆，连无锡、杭州、上海的素食客人都慕名而来。孙志强师傅对传统的功德林素火腿悉心研究，逐步加以改良，使之从形态、营养到色泽等都达到完美程度，烹制素火腿成为孙志强的绝活，也使他成为制作功德林素火腿的唯一高手。只见素火腿在他手下变成"迷你型小火腿"，其外形与真火腿相仿，那真是素菜中的精品，口味超群。这种迷你型素火腿经常被使用在高档宴席上，也是馈赠亲友的好礼品！一些老苏州还把这种素火腿邮寄给国外亲友品尝。此产品多次获奖，早在 20 世纪 80 年代，功德林素火腿就被商业部认定为优质产品，获"金鼎奖"。

我有幸吃过孙志强大师亲自制作的素菜。如"响油鳝糊"，他将香菇剪成条状，过油锅后加以调味，其外形直逼真的响油鳝糊，口味上素纯过人，淡淡的香菇味带着一丝响油鳝糊的香味，鲜美至极。他的"菊花青鱼"，采用鲜香菇做原料，用刀剞成菊花状，上浆挂糊，入油锅炸定型，然后装盆勾芡浇汁，外形逼真。此菜外脆里嫩，其中的酸甜劲使人食欲大开，那口味真胜过用真青鱼做出的"菊花青鱼"。他用豆腐衣制成的"烧鹅""白鸡"等口味均是一流的，即便不吃素菜的人吃了都放不下筷子。

由于行业调整，苏州"功德林"在 1997 年年初从太监弄搬迁到西园路口继续营业，2002 年转制属园外楼管理。孙志强大师现已退休，但仍在"功德林"主持厨房工作，孜孜不倦、干劲十足，苏州不少素食者都慕名前往品吃他亲自烹制的传统素食菜肴。在苏州餐饮行业中，从前大家称呼孙志强为"小和尚"，如今这位当年的"小和尚"已成"老和尚"，但他仍热衷于此行业。一个人从事一时喜爱的工作并不难，难的是一辈子从事此工作，即便是简单重复的劳动也不厌烦，而且越做越喜欢，最终成为行业佼佼者而受人尊重，孙志强大师就是这样一个人。

儒将鲁钦甫

秕　元

今天鲁钦甫来看我，落座后我为他沏上一杯茶，两人尚未开口寒暄，他碰巧有电话进来。听他的回应，大抵对方问的是一些烹饪之事。他面带微笑，不疾不徐，回答得头头是道。茶香在屋内四溢，一缕茶烟在他面前升起又飘散开来，我隔着桌子望向他，一言一行都颇有诸葛亮施与锦囊妙计的从容风范。

鲁钦甫是资深国家级烹饪大师，又是苏帮菜宗师。按理人们都该尊他声"鲁大师"，然而业内师傅都爱叫他"阿鲁"。这名字亲切、上口，鲁钦甫总是笑眯眯地答应。一些小一辈的厨师有时要改口，尊称一声"阿鲁师傅"。其实不管怎么个叫法，大家对鲁钦甫都是发自内心的尊重。鲁大师师出名门，烹饪技能全面，可塑性极强，能胜任各种类别的餐饮工作，是烹饪界的一代高手。但他却从不显山露水，为人亲和力强，又乐善好施，一直默默提携帮助业界后辈。

电话果然是一位厨师打来的。他放下电话告诉我，是他徒弟的朋友向他求教：有位文化人士替一家酒店设计了一席宴，许多菜品单列了名字，却没有具体做法，这下可难倒了这位行政总厨。虽与这位厨师素昧平生，但鲁大师还是细细询问，鼓励他紧扣主题大胆尝试，又在细节上加以悉心点拨，一如他往日的大度。

话题至此，鲁大师便与我谈起他的厨艺经验：一席成功的宴席，不仅是味道、色彩、盛器等的搭配，还要思考这些元素如何构成像诗一样的作品，这些菜一端上来，就能令人感觉到这是大厨用灵魂创作出来的，是一件件艺术品，要饱含着敬业和热情，令人乍看主题鲜明而品后韵味悠长。我感叹，今天烹饪事业的发展竟已经到了这样的境界。

他手边正巧有一张为某酒店拟的宴席菜单，我看了下，荤与素、冷和热、干菜和汤菜搭配合理；水产和禽类、时鲜和南北货一应俱全；成菜深色与浅色、口感松脆和滑嫩相得益彰；本土食材和外地食材比例和谐；整桌菜既能体现地方特色，又有多种烹饪方法，食材营养均衡，制法也有传统和创新结合之处，加之每道菜都以曲牌命名，读起来朗朗上口。从艺术的"通感"上来讲，整桌菜简直就是一曲优美的江南丝竹，妙极了。

送罢鲁大师出门，我的思绪不禁穿越到 20 世纪 50 年代。彼时我与鲁钦甫是幼儿园中班同学，后来同班读小学，又在同一学校读初中，然后又一起参加工作。当时鲁钦甫作为班长（当时叫排长）、优秀学生，被分配到苏州外事部门，在当时那是个颇具神秘色彩的单位，大家都很羡慕。

谁知他是分在苏州饭店做厨师，按那时外事类饭店规矩还必须住在单位里，好像冥冥之中上苍早就安排好了，他必须在那里学习，必须在那里成长。他以"若要如何，全凭自己"为座右铭，毅然决然地走向了灶台，按部就班开始了工作。当时，他跟的师傅叫朱沛霖，最开始安排他一早去采购食材，清晨 4 点钟就要骑自行车出发。一个不足 17 岁的瘦弱少年，常常黎明时分一个人骑行在街巷里，回来时车座后载着几十斤重的货物，丁零咣当地穿过大半个姑苏城，这样的场面是鲁钦甫青春奋斗的剪影。但这并不是最辛苦的，有时饭店需要买活的家禽，还要到城外钱万里桥的食品公司去赶回来，那是要用双脚斜穿丈量几乎整个姑苏城，去时还好，回来时还要赶着一群鸭或鹅，一来一回差不多要花去半天时间。这些在今天难以想象的辛苦他都经历过，但从没有半点怨言。

食材买回饭店后，他又要马上帮着开早餐档，忙完早餐的工作又开始给师傅打下手、练基本刀工，后来又学会给鸡、鸭、鹅、鸽、鱼出骨，到最后几十种刀花都学会。慢慢的，他把刀上功夫全都掌握了。

用鲁钦甫自己的话说："学手艺哪有不吃苦的，不苦也学不成手艺。"辛苦的岁月已成为过去，但学艺生涯里的点滴都刻在脑海里。对市面常见食材的特性充分了解，是一个厨师的基本功。我国地大物博，各类食材的知识瀚如烟海，博大精深，比如虾，虾有多少品种？在生命的各个阶段是什么样的？在什么季节用什么烹饪方法？做整虾还是出虾仁？是清炒还是油爆？……这些都有讲究，甚至气温对虾肉也有影响。即便是简单的蔬菜也不可马虎，比如莼菜，叶片半开未开之际，做成菜看最好，做成汤羹则入口最清香滑软。诸如这些，鲁钦甫都在琐碎辛苦的日常工作中用心积累了下来。

鲁钦甫的第二个师傅是孙晓卿，孙师傅那时已经六十多岁了，是因工作需要且功夫过人，从社会菜馆里调来的。他平时话语不多，但对弟子管教甚是严厉。他做菜时总让鲁钦甫在旁边先看完全程，再动手练习操作，最后给予指导。这样的学习方法有几个特点：一是能看到师傅料理食材的全过程，二是能用心领悟师傅每一刀的门道，三是能近距离观察到烧菜的火候及调料先后。有道是严师出高徒，鲁钦甫日日看在眼里记在心里，他跟着孙晓卿师傅学了五年，打下了扎实的基本功。

涉外宾馆工作常为重要外事服务，要求较高。因此鲁钦甫养成了追求完美的厨艺风格，他做菜肴注重体现的是菜点的本味，可以说继承了苏帮菜烹饪的精髓。他制作桂花鸡头米时，考虑到鸡头米的淀粉在热的作用下会发生变化，再考虑上桌时间，便想研究出在沸水中多长时间口感最佳。他认为，水生植物食材可以带一点生的真味，最后他所做的桂花鸡头米点心，下沸水只煮十秒钟。在他看来，多一秒少一秒口感都有很大区别。

火腿是上品食材，在苏帮菜烹饪中被广泛使用，光火腿菜肴有几十种，火腿每个部分又有不同味道和用场，但要想处理好很不简单。因肉的肌理不同、使用方法不同，因此开火腿在各部位甚至所用刀法也各不相同。鲁大师非常讲究这些细节："用来炒'秃黄油'要配的火腿肥膘粒，和冷盆菜'排南'所需的火腿是差别很大的。切火腿肥膘要先用刀切后斩，颗粒均匀、大小一致，'排南'要用刀片，片状均匀，愈薄愈好，而且薄而不穿。"

鲁钦甫起先学的是切配技术，苏州烹饪界行话叫"砧墩"，他的同事中有吴涌根、韩伯泉、王泉根等多位前辈大师，在他们的悉心指导下，他从炉灶间学习到冷菜间，最后又到点心间学做各种点心及船点，这样的全面学习和他踏实的做事风格令他逐步成长为贯通中西的全能厨师，甚至果蔬雕刻这原先苏州菜中不太注重的技术，他也熟练掌握了。

从事厨师行业的第十年，鲁钦甫遇上了改革开放的好时代。对厨师来讲，食材的选择更多了，什么鹅肝、鱼子酱、西餐调味品等开始走向餐桌。厨师可用武的地方更多了，做出菜点的味道也更丰富了。外国烹饪界的理念、烹饪方法等也如潮水般涌了进来，他们的烹饪文化、摆台文化、宴会文化等都各有所长，都可以借鉴。鲁钦甫又开始了新一轮的学习。他曾回忆说："当时像团队用餐，采用自助餐形式既卫生又实用，如今在宾馆、食堂已广泛使用，包括现在另有中菜西做等多种形式，这些都是当时从国外餐饮界那里学来的。"

1987 年，他在兼任苏州饭店厨师长时，被组织安排去中国银行纽约分行工作，那是一件十分繁重的工作。鲁钦甫一个人要负责 40 多人每天的用餐，有时还要安排一些接待宴请，鲁大师利用在苏州饭店学来的烹饪技能，就地采购食材、粗菜细做、细菜精做、制菜方法、菜肴品种也时常更新，常受到宾客一致好评。鲁大师在美国纽约分行的这段工作任劳任怨，工作态度有口皆碑，多次受到总行的表彰。2000 年，他又到日本东京一家饮食集团担任厨师长近 6 年，学习钻研了日本的一系列餐饮文化。在国外的这些年，鲁钦甫常常面临工作时间长、工作强度大等问题，其艰辛程度难以想象。但他一一克服了，凭着的就是当年在苏州饭店练下的扎实的"童子功"，不惧困难甚至迎难而上，圆满完成各项工作任务。他用精美可口的菜品诉说着中式审美，用敬业精神彰显着华人风采，也为中国的饮食文化输出做出了自己的贡献。

回到国内以后，鲁钦甫又到了一家外资餐饮公司工作，先是做了 8 年行政总厨，后又担任资深顾问。改革开放后，苏州出现了许多大的企业，也出现了专门为企业提供食堂菜的餐饮公司。如何让外来的餐饮公司提供的菜点苏州化？如何让苏帮菜适应大规模、工厂化生产？这是苏州厨师面临的一个新课题。这里有食品安全、成本核算、营养搭配、口味调整、烹饪方法改变等诸多问题。

鲁钦甫大师决定从源头研究，他从团餐基层厨师做起，选用苏州本地食材，采用传统苏帮菜烹饪技法，结合学来的多种西餐技法，最后制作出了成本低、口味好、呈现方式新颖的团餐，一经推出便大受欢迎。他和团队设计的团餐菜谱可以做到十二个月每个月不同样，员工在单位食堂里经常可以吃到地道的苏州菜及各类苏州风味小吃，鲁钦甫也逐步成了团餐厨师中的"首领"，很多人慕名前来学习。他还在企业内部组织厨师交流比赛以提高厨师学习的积极性，又组织厨师分批到市内名店观摩交流、扩大眼界。时至今日，团餐已成为餐饮业的"主力军"，谁能执餐饮业的"牛耳"，决胜就在团餐。如今，鲁钦甫大师还在率领着他的团队，利用大数据精准管理，不断细化标准，持续提升质量，科技的加持加上团队的用心，团餐的未来无可限量。

鲁大师还是一位有文化底蕴的厨师，他将总结的许多烹饪经验、制作手法整理出来，编写出版。2000 年，福建科学技术出版社出版了他的《料理小窍门》。台湾一家出版社看到了，觉得这本书中介绍的经验和做法太有用了，也要出版，又请他增加了些内容，整理为《料理加工妙方》，该书于 2001 年出版。两家出版社都配了很多照片，又用了上等道林纸彩印出版，可见对他书稿的重视。买这两本书回去的人都是识货者，看过后都成了收藏品。厨艺精湛，还能著书立说，鲁钦甫就是这样的一位大师。

鲁钦甫一直志在创新，从不肯满足现状。他还研发了数以百计的茶菜、茶点，如碧螺虾仁、茉莉鱼片、菊花茶酥等。使用的茶叶品种有碧螺春、龙井、顶谷大方、雀舌、银针、祁门红、滇红、乌龙茶、贡菊、茉莉等数十种。他又从所研发茶肴、茶点中挑选出六十二款精品编辑出书，以图文并茂的精装本形式在台湾出版。在序言中，台湾烹饪界权威人士赞叹鲁钦甫说："这是国宝级的大师傅。"事实上鲁钦甫此著作的出版，也填补了苏帮菜在此方面的空白。

鲁钦甫在人生的道路上翻越了一个又一个高峰，在追求卓越厨艺的道路上也从未停步。从校园时代的学习领袖，到成为厨师学徒，经过努力又荣升到国家级顶级烹饪大师，中间的坎坷辛苦自不必说。这一路上，他鞭策自己的一直还是那句座右铭："若要如何，全凭自己。"每每受到荣誉表彰，鲁大师总是谦逊地说一句："我是人民群众的炊事兵。"但在我看来啊，鲁钦甫不仅是一位杰出的烹饪高手，更是苏州烹饪界的一代儒将！

天生俊才必有为

·
·

朱昂林

    李俊生是一位从松鹤楼菜馆走出来的大厨。苏州松鹤楼菜馆是一家老字号餐馆，号称乾隆始创誉满全国，至今已有200多年的历史，在苏州更是家喻户晓有口皆碑。在饮食江湖上松鹤楼又被称为饮食业的黄埔军校，厨师的摇篮，从那里毕业出来的人，都将成为餐饮行业里的"司令"和"将军"级的人物。李俊生大师就是良将之材，他还有一道光环，曾一度是松鹤楼菜馆的掌门人，从主厨到总经理，从厨道路上又一次实现人生跨越，松鹤楼菜馆在他任上，菜肴质量、服务质量、食品卫生等都有新的突破，顾客盈门，生意如日中天，曾被国家商业部命名为首批"中国商业老字号"企业。

    李俊生大师1973年进松鹤楼菜馆学艺时刚18岁，还是一位毛头小伙子，他中等身材，相貌清秀，两眼炯炯有神，见人总是面带微笑。刚进店分配在切配间，他做事谦虚认真，不管脏活累活抢着干，每天营业结束总是要把厨房卫生工作全部打扫干净才最后一个下班，深受师傅喜爱。即使日后成为松鹤楼总厨仍保持这个好习惯。在他的操作台和灶台上都擦洗得干干净净，炊具摆放整齐，雪白的工作服没有一点油污。

李俊生大师的学艺道路并不是一帆风顺。在那个年代，青年人向往的工作是进入轻工、机械系统等大工厂当工人，菜馆行业是服务性行业，似乎低人一等，有道是有福之人人服侍，无福之人服侍人，受这种思想影响，李俊生从学校出来被分配到松鹤楼菜馆当学徒还在家哭过鼻子呢。但他真正跨入厨师这一行开始吃油腻饭时，心中倒也敞亮起来，开启他心结的是陆焕兴大师傅。陆焕兴是一位从旧社会就开始学艺过来的烹饪大师，是松鹤楼菜馆的把桌师傅（也就是现今的厨师长）。陆师傅为人诚恳，技艺高超，吃苦耐劳，平时言语不多，工作极为认真负责，总是把厨房工作安排得井井有条，这些优良的厨德厨风深深影响了李俊生，他曾对李俊生说三百六十行行出状元，学厨师学的是手艺，旧社会流行一句话叫"荒年饿不死手艺人"，做厨师不仅要烧好菜，还要做好人，这些朴实的话语，深深打动了李俊生，使他从不欢喜到渐渐地热爱这项工作，直到全身心投入，迎来了他人生中的一大转折。明确了人生方向的李俊生在学艺的道路上取得长足的进步。

陆大厨擅长切配，尤其对一些名贵食材如鱼翅、海参、鱼肚、蹄筋的涨发有独门绝技。陆大厨有一个习惯，每天早晨拎只菜篮亲自跑菜市场选择当季时令食材，经常带着李俊生一起去采办货源，使他学到了不少知识，为他日后的事业及后来担任松鹤楼菜馆总经理打下了坚实的基础。在恩师陆焕兴大师的指点下，李俊生烹饪技术大有长进，在一次由苏州市饮服公司组织举办的全市菜馆酒店行业技术职称考试中，每位考生考一门整鸡出骨，要求把整只鸡架切剥出来，鸡身灌满水滴水不漏才算合格。此菜比刀功，鸡骨要拆得干净，又比速度，看谁速度快，李俊生在这次比拼中不慌不忙，从容应对，凭着平时练就的刀法，又得陆焕兴大师独门刀技真传，心中有底，信心十足，在考核中一举拿下头名。他那精湛的刀法，飞快的速度，娴熟的技艺惊到现场评委及众多观摩者，都称赞他不愧是松鹤楼出来的大厨。从此在行业多了一个称谓"小李飞刀"。

李俊生大师后来又被调配到松鹤楼煤炉（俗称红案），跟刘学家名厨学艺，刘大师早年在"天和祥"当学徒，后至松鹤楼掌厨，年少成名，成为一代名厨。他制作的刘式松鼠鳜鱼绝技在业内首屈一指，成为苏帮菜首席名菜。李俊生拜在刘大师门下，厨艺突飞猛进，成为年青厨师中的佼佼者。李俊生在 1993

年参加第三届全国烹饪技能大赛一举获得团体金奖和个人冷菜金奖，被中国烹饪协会授予中国烹饪大师称号。

20世纪80年代，苏州市饮服总公司与北京东城区饮服公司合作，在北京台基厂大街开设北京松鹤楼菜馆，李俊生跟随刘学家大师到北京松鹤楼担任苏州合作方厨师长，苏州名菜进入北京受到北方客人的欢迎，当年万里副总理和北京市委等领导慕名光临品尝苏帮特色名菜，得到领导们的高度赞扬。

李俊生大师在北京松鹤楼工作期间，不断翻新苏州菜肴，又结合北京市民喜食鸭的偏好，率先把苏菜中有特色的鸭肴送上餐桌，如开发出苏州传统的美味卤鸭、五香扒鸭、香酥鸭等菜品，尤其是那款五香扒鸭，采用当地肉鸭，辅料中加入京城里特有的京冬菜，沿用苏州菜烧焖红烹的手法，一经推出，即受到北京消费者的欢迎。他又把自己在苏州松鹤楼学到的"小李飞刀"技法传授给北京松鹤楼的同行，开发出鱼香肉丝、青椒里脊肉、三丝鱼卷、瓜姜桂鱼丝、艺术冷盆等讲究刀功的菜肴，丰富了供应品种，又提升了菜馆的品位。北京松鹤楼声誉鹊起，生意蒸蒸日上，李俊生也受到了北京东城区饮服公司的嘉奖。

因李俊生厨艺在中青年厨师中成绩突出，为人正派，1988年经组织推荐，被外交部录取外派至驻委内瑞拉首都加拉加斯大使馆主厨。当时驻外使馆每逢国庆节、春节等重大传统节日，大使都要举办招待会邀请各国使领馆大使和夫人们出席，在一次国庆招待宴会中，李俊生使出拿手绝活，就地取材，用当地食材石斑鱼制成苏帮名菜松鼠石斑鱼，当此菜挂上卤汁吱吱作响端上餐桌时，受到应邀出席招待会的大使和夫人们的一致赞叹，被贵宾们称为"一条会叫的鱼"，一时传为佳话。

此消息传到委内瑞拉国家电视台，特地派记者专程与大使馆联系，邀请李俊生大师上电视台表演"会叫的鱼"。李大师在翻译的陪同下走进电视台，现场制作苏州名菜松鼠鱼，他从容镇定，操作技法出神入化，一气呵成，还不断穿插讲解松鼠鱼的来历和传说中的故事，博得现场观众阵阵掌声。一个厨师能在外国电视节目中表演烹饪脍炙人口的美味佳肴，并讲述中国经典名菜以及这背后的生动故事，必定有高超的烹饪技艺，又有平时对饮食文化的深入了解和积累，才能在平凡的岗位上为国争光。

李俊生大师作为苏帮菜制作技艺第三代非遗传承人和苏州烹饪大师工作室的成员，退休后继续在传承苏帮菜技艺和带徒传艺等方面发挥作用，在苏州烹饪大师工作室研发基地和各市区中等职业学校到处都能见到李俊生大师忙碌的身影，把他的烹饪技艺毫无保留地传授给徒弟和中职技校的学生，使他们在省、市各项烹饪技能大赛中都取得了优异成绩。

李俊生大师与几位苏帮菜大师还应苏州会议中心、苏州中心大酒店的聘请，担任"苏会十宴"创作团队的技术顾问。经过一年多的不懈努力，集思广益，先后研发了太仓郑和宴、常熟翁府宴、昆山万三家宴、姑苏泰伯宴等七席代表苏州各市、区菜点特色的名宴，一经发布，受到市、区各界人士的广泛赞扬。

苏州烹饪大师工作室集中了苏帮菜制作技艺第三代非遗传承人和一批烹饪专家，李俊生大师经常参与与全国各地的烹饪高手和美食评论家，电视美食栏目作家导演之间的交流。《舌尖上的中国》总导演陈晓卿，美食总顾问沈宏非，香港美食评论家蔡澜先后造访苏州烹饪大师工作室，对苏帮菜的制作技艺赞不绝口，使苏帮菜点特色风味在《舌尖上的中国》第二、第三集里一展风采，显示了苏帮菜点和苏州饮食文化的丰富内涵，在全国烹饪餐饮界得到了应有的地位。

当年的"小李飞刀"如今已变成老李了，但他心气不老，对烹饪行当仍一往情深，加入苏州烹饪大师工作室这个团队里更加专注于苏帮菜的传承和创新，不断耕耘那块心中的烹饪天地，传承手艺，乐此不疲，从旧时的传统名菜到当下流行的意境菜讲解做法原理，传授给他的弟子学生，并一再告诫他们学艺要举一反三，善于创新，做一个合格的厨师要有自己的特点、个性，菜品也要体现自己特色。李大师坚信做饭烧菜是一种生活艺术，烹饪中藏着乾坤，在他心中似乎有着一座象牙塔，一直守护着他的烹饪梦。

"骏马奋蹄行千里，天生俊才必有为。"作为一代大厨，在传艺的道路上永无止境，先要厨艺精，再要有厨德，更要有追求，李俊生大师就是这样一个人。

附录：大师摆谱

秋之雅宴

董嘉荣

秋天带着落叶的声音来，淡淡的木樨香飘过来。春华秋实，如果说春天播下希望，那么秋天就把希望变成了颗粒满仓。

剥出一粒粒红宝石般的石榴，嚼着话梅、陈皮、白果、杏仁等四干果、四蜜饯；温一壶黄酒，淡淡的。无论是谁都变成了陆文夫小说中的美食家。

稻熟毛豆、茄丁最香糯甘甜；水八仙之红菱、莲藕最鲜嫩。苏州人一向讲究食季节性极强的时鲜蔬果，抢抓最佳食机。

秋声秋实，八碟冷盆。有动有静，犹如画家笔下虚实相间……秋声秋实，展现了秋天硕果满眼、彩蝶飞舞的场面；油爆河虾、苏式熏鱼、白片肥鸡、五香牛肉，似乎听到秋日里虾鱼在水里跳跃，鸡牛在田埂里走动声；桂花糖藕、凉拌茄条、糖醋荸荠等，分明看到果实累累，诱人十分。

冷菜：油爆河虾、苏式熏鱼、白片肥鸡、五香牛肉、桂花糖藕、凉拌茄条、糖醋荸荠、盐渍毛豆

热菜：富贵双味虾、红菱鳜鱼球、蟹粉时鲜羹、扇子黄焖鳗、鱼肉狮子头、扒植物四宝、栗子桂花方、南园十丝菜、松茸鲃肺汤

点心：南荡鸡头米、象形蟹黄酥

主食：南瓜百合粥

吴歌雅宴

鲁钦甫

冷菜

    彩蝶恋花   蝶恋花

    八味花碟

热菜

    白玉芙蓉   玉芙蓉   煮熟鸡蛋做花瓣，中放大玉

    锦上添花   锦上花   鲍脯扣舌掌

桃红柳绿　　小桃红　樱桃肉（四周围绿叶菜）

百鸟归巢　　燕归巢　脆皮乳鸽（放雀巢）

鱼跃清溪　　渔家傲　百花千层桂鱼（装头尾）

满园春色　　园林好　植物四宝

莼鲈之思　　莼菜氽塘片

点心

月上海棠　　月上海棠　海棠酥

花篮迎宾　　花篮烧卖

步步登高　　步步高　枣泥爪仁拉糕

江南名游　　忆江南　血糯甜粥

水果

时果拼盘

江南乾隆宴

李俊生

味碟：

姑苏四茶食：白糖杨梅干、敲扁橄榄、糖佛手、山楂糕

水乡四鲜果：金橘、草莓、石榴、寿桃

冷菜：

　　　　桥形八单盆：姑苏卤鸭、出骨转弯、美味羊糕、特色熏鱼、五香牛腱、爽口辣白菜、蒜茸黄瓜、如意素鲍

热菜：

　　　　芙蓉三虾、蜜蟹拥剑、松子东坡肉、鸡粥鱼肚、糖蕈湖鸭、金玉满堂、虹桥赠珠、松鼠鳜鱼、桃园三结义、南腿鸡油菜扇

甜品：南瓜布丁（桂花鸡头米）

点心：苏式船点、蟹肉小笼

主食：雪笋肉丝面脚板

水果：水果拼盘（各客）

水城吴门宴

田建华

吴地文化底蕴深厚，是水网纵横的鱼米之乡，食材丰富。"水城吴门宴"选用本地湖鲜、禽、肉等食材，加以细作、烹制，形成菜肴在刀工、烹调、口味上具有精、细、清、淡之苏帮特色。

冷菜：酱香野鸭、熏糟素鹅、干贝鱼松、桂花莲藕、蛋黄扎

肴、开洋野菜、虾子正塘、玫瑰山药

四蜜饯：杨梅干、糖冬瓜、青梅、金橘

热菜：阳澄虾蟹二鲜、醉皮三丝银鱼

枣香红松鸭方、果栗煨新鸡

鲜参鳖炖羊、姜松蒜香骨

干菜粉蒸鳗、油浸银鼠桂鱼

荷塘蔬果小炒、莼菜鲃肺汤

点心：蟹肉小笼包

豆茸南瓜团

芝麻脆皮卷

鸡汤小馄饨

水果：应时水果拼盘

虾 子 宴

朱龙祥

虾子宴为春季时令名宴，取太湖活虾，以虾仁、虾籽、虾脑（称三虾）为主要原料制作而成。

突出时令，口味奇鲜，色彩悦目。

冷盆：八单花碟

热菜：宫灯三虾祥龙桂鱼

　　　　桃形塘片香炸藕圆

　　　　虾籽蹄筋荷叶粉蒸肉

　　　　锅塌干贝三味素菜

　　　　五件子砂锅

点心：枣泥拉糕

　　　　三虾两面黄

　　　　水果拼盘

虎丘吴王宴

潘小敏

　　虎丘素有"吴中第一名胜"之称，春秋时期虎丘是吴王阖闾离宫所在之处，相传死后在此下葬，各景点都有一番故事。

　　书香胥城根据2500多年前虎丘各景点的故事，精心研究，开发制作了一套"吴王宴"加以推广，在中国美食比赛中被评为"江苏名宴""苏州地方特色宴"。

吴王宴食单

　　龙盘水陆：（金龙配石果）土豆沙拉、蛋卷、紫菜卷

吴王宝鼎：海皇鱼翅、鸽蛋、鱼翅、鲍鱼、辽参、瑶柱、鱼肚、裙边、鱼唇

文种献计：（三丝竹荪）春笋、火腿丝、熟鸡丝、竹荪、西芹

卧薪尝胆：（灌汤虾球）虾茸、苦瓜馅心

勾践献宝：（金箔虾仁）食用金箔、虾仁

吴王称霸：（甲鱼鲍鱼）鲍鱼、大甲鱼

子胥筑城：（脆皮鱼脑）花鲍鱼脑

虎丘剑池：（醉烧虎尾）黄鳝鱼背、虾茸

越域土鸡：（荷叶叫花鸡）鸡、八宝饭

渔夫助胥：（葱烙白鱼）太湖白鱼、太湖小葱

孙武演兵：（八彩时素）八种时素

西施玩月：（鲜莼鸽蛋银鱼）鲜莼、银鱼、鸽蛋

鱼米之乡：（胥城方糕）赤豆糊、糯米粉

吴王祈兵：（时令点心）时令点心

花篮迎宾

张子平

这是 20 世纪 80 年代中期，接待国外政要的一份菜单。主要呈现了主人的热情与开放。让客人尽心享用苏帮菜的精工细作，领略姑苏饮食文化之精华。

当时尚处在改革开放初期，该菜单沿用了较为传统的菜式，略加创意，适当渗入了西餐的装盆技巧，使菜品呈现出高贵与典雅，而不失其食材的本味。

此宴最大的亮点是菜品口味起伏明显，造型美观；紧扣主题，广泛使用当季食材，推广与弘扬姑苏饮食文化。

我的理念是：以工匠精神起步，逐步追加饮食文化的修养与知识，向菜品的方向不断努力。学用传道是我的毕生境界。

冷菜：（八味围碟）牡丹海舌、金钱鸡卷、盐水虾、琥珀桃仁、熏鸽、五香牛腱、兰花茭白、芦笋

热菜：孔雀虾蟹酥皮海鲜（炖盅、各客）

　　　梅花鸭舌（海参做梗）南芡樱桃（蛙腿、色彩少许）

　　　金丝火瞳（豆沙酿荔枝）

　　　千岁送宝（火腿、冬笋、香菇结顶）

　　　柴杷桂鱼田园风光（蘑菇、草菇、菜心、胡萝卜球）

鲜莼鲃肺（冬瓜球、香菇结顶）

点心：灌汤小笼（蟹、肉馅）

海棠香酥

三丝馄饨

水果：锦绣果盘

春　宴

蒋晓初

一、位上水果拼（时令品种）

二、主冷盆：百花迎春拼盘

三、八式围碟：油爆大虾、金钩马兰、陈皮牛腱

双色塘心蛋、腾椒油鸡、爽口辣白菜

熏卤正塘、松菜菌油

四、炒菜：碧螺凤尾虾、瑶柱鱼粥盅、鸡火烩鱼胶、植物献

四宝

五、大菜：珊瑚甲鱼、樱桃汁肉、双味桂鱼、黄油鸡卷

六、点心：虾肉烧卖、合子油酥

七、汤：鸳鸯扣三丝

八、甜品：枣香银耳羹

九、主食：锦绣两面黄

红楼宴：十二金钗

强云飞

贾宝玉：十味前菜冷碟

四丫环：四干果、四水果（袭人、紫娟、晴雯、鸳鸯）

林黛玉：清炒翡翠虾玉

薛宝钗：慢火烂鸡鱼翅

迎　春：糟熘塘鲤鱼片

王熙凤：烩秃黄油蟹斗

元　春：蒸扣金玉满堂

探　春：热烩芦笋蟹柳

秦可卿：黄焖脱壳河鳗

惜　春：蒸三丝桂鱼卷

史湘云：炖蟹粉狮子头

李　纨：爆炒桂鱼花肚

妙　玉：炸三丝素黄雀

巧　姐：汆金桂花鸡头米

秋韵风味宴

汪　成

四鲜果：嫩塘藕、水红菱、酸枣、料红橘

四小碟：熏青豆、糖炒栗子、椒盐白果、糖金橘

四冷碟：卤鸭、熏鸡、虾子白鱼、扎蹄

四风味组合：1. 白果虾仁（各客）、火腿葱油月饼

　　　　　　　园林方糕、滇红桃胶（各客）

　　　　　　2. 蟹粉鱼肚（各客）、净素烧卖

　　　　　　　山药板栗糕、泡泡小馄饨

　　　　　　3. 罗汉一品斋、牛肉锅贴

　　　　　　　重阳糕、南荡鸡头米

　　　　　　4. 松鼠小桂鱼（各客）、蟹粉小笼包

　　　　　　　细沙水晶秋叶包、南瓜茸咸猪油糕（各客）

此小吃风味宴参照正宴格局，用苏州地区秋令时鲜食材，以时令品种组合而成。其中增加了四款秋令苏帮菜，提升该宴品位及人们的就餐习惯。

常熟蒸菜宴

张建中

蒸菜是常熟饮食文化中的一大特色，在形式上、原料搭配上、制作技艺上符合中国当代饮食风尚。常熟蒸菜低盐、低油、低糖，具有丰富的内涵，根据江南食材四季的差别，烹饪方法亦千变万化，唯有蒸的方法在常熟保留了传统烹饪，技艺成为一张地方饮食文化名片。

冷菜：精美八味碟

热菜：常熟一品锅

海参火凤凰翅

雪鱼球三丝扣

如意蒸虎皮肉

酥鳝卷蹄筋

菜干腊味鱼脯

锦绣上汤时素松蕈

银萝咸蛋黄富贵鱼

点心：葫芦山药血糯

虾肉馄饨

主食：虞山红汤面

昆山"并蒂莲宴"

刘锡安

盛夏时节，玉峰山下亭林园内的荷花池，并蒂莲竞相开放，吸引人们纷纷前来摄影留念。一枝荷梗上擎几朵花苞，最多的甚至有十几朵，令人叹为观止。所以又被称为"千蕊莲""千叶莲"。

并蒂莲，本是荷花的一个品种，由于它一茎两花，花各有蒂，蒂在花茎上相连，所以称为并蒂。据传莲种来自中亚细亚，有"双萼并头""九品莲合""四面拜观音"等品类，其中以"双萼并头"最为名贵。这种复瓣多蕊的祥瑞之花，是和合的象征，是爱情的象征，是真善美的象征。当年，诗人屈原曾幻想着"集芙蓉以为裳"；曹植以荷花的美来比拟他心中的洛神；李白则折荷相赠，以表达他浪漫的爱情。玉峰山下的并蒂莲，为天竺异种，既不生藕，又不结莲子，六百多年来却生生不息，展示着独特的风采。

冷菜：

鼎盆：燻鸭、卤鸭、糖鸭（昆山三大名鸭）

六双拼：熏田鸡拼熏脊脑、香油鸡拼罾油麻菇、古法烩鳝丝拼梅香油爆虾、荷叶扎蹄拼兰花茭白、话梅辣白菜拼翡翠莴笋丝、香干马兰头拼莲花藕片

八热炒：莲花炒蟹鲃、三虾并蒂莲、荷香糟塘片、鱼皮烙锅贴、莼菜山鸡片、高夹沙球、蝴蝶鸡油菜、荷塘水鲜炒

六大菜：并蒂莲贵妃鸡、清蒸莲梗白鱼、荷叶包粉蒸肉、莲梗饼子野鸭、莲心水晶河鳗、荷香鸽蛋甲鱼

汤菜：莲汁三色飘圆

四点心：虾蟹两面黄、天香荷花酥、花草松花团、莲叶孔雀饺

甜品：橘篮荷花燕窝

后记：吃食里的陶文瑜

华永根

　　陶文瑜是苏州著名的诗人、作家，又是一位懂吃的人。因为爱吃我俩结了缘，又因趣味相投时常相聚。自陆文夫走后，那面苏州美食大旗便交与了文瑜。他在青石弄办杂志，为苏州饮食的发展举旗呐喊；而我在山门巷烹饪协会里运筹，守护着苏州的传统美食。有人说我俩合力开启了苏州美食的新篇章，此话可能说得大了点，确实也有那么点意思在里面。

　　文瑜总是开口闭口叫我"老恩师"，那股"着肉"的亲热劲儿，似乎带着些对父辈的眷恋，但他又有着文人的清高，从不轻易称人为师。他曾对我说："授知者称师，授业者称先生。"称我为老恩师，我深知是对我的尊重，他还越发起劲，称我的弟子为师兄、师弟，那股子亲切劲儿感人至深。然而他并不想学烹饪做厨师，只是喜欢吃，尤爱与此行当里的人交朋友，与

244

我们在一起时，他如同进入了餐饮江湖里，如鱼得水。

文瑜最心仪的是这座城市所专属的味道。在这一点上，我们的爱好是一样的。我两在吃食上有着许多相似之处：我与他同属"甜党"，都喜食甜品，常把苏州的糕团等推荐给外地好友与食客；我两还都是"食鲜"主义者，共同开发出苏州春夏秋冬四季时令宴席；我们又都欢喜吃肉，被称为"食肉控"，苏州"四块肉"被我们编进苏帮菜"非遗"的文案中；我两又同为"写手"，他是写作高手，我仅为"票友"，我们把苏州的名菜、名厨、名店写到报纸、杂志、书籍中，用各自的方式记录下苏帮菜的昨天、今天、明天，共同为传承助力。

《苏州杂志》是苏州文化的一张名片，文瑜视为自己的命根子，用自己的心血来浇灌，升任主编后尤为倾注精力，但文字上的事难免有一些小偏差。有一次他被找去约谈，回来与我们聚在一起吃饭，他气呼呼地说：我顶多不做罢了！回家写作，卖字卖画也可以过日子。我知是他那股子倔劲儿又上来了，当即说道："领导把一本这样重要的杂志交给你，是看重、信任你，你要把握好方向。这是一个重要的宣传阵地，要有政治头脑。再说领导找你谈话，是对你的关心，你要珍惜呀！"说完这些话，文瑜侧目对着我，喃喃地说：还是老恩师关心我。此时旁边报社常新插话道：这些话只能你讲，我们讲他总是不服帖的。其实我所讲的那番话，也是文瑜自己在修炼中得到一些信悟才听了进去。那顿饭文瑜吃得特别欢快，我见他状态不错，便放下心来了。

文瑜在吃食上自有自己一套标准，从不随波逐流，颇有文人才子"我行我素"的风范。他常称自己有三不吃：盒饭不吃、火锅不吃、农家菜不吃。一次，我特意约他去东山陆巷王阿姨家吃饭，暗自是想改变他对农家菜的看法。那次吃请，他意外的热情高涨，越吃越开心，对王阿姨烧的油爆虾、红烧鳗鱼段、东山雪饺等菜品尤为喜爱。食毕他对我说："真是高手在民间。"回去后特意写了一篇《雪饺演义》发表在《苏州杂志》上，称赞王阿姨的手艺。

文瑜并非享乐主义者，他对美食的选择一切随心，自在洒脱。有时他会从青石弄打电话预订黄天源的葱猪油糕、鲜肉粽子，有时要私人定制汪成大师的葱猪油月饼，甚至菜场里中意的大饼油条，他也会预订请人送来。清晨自个儿要去吃"头汤面"，又常夸杂志社食堂里的馄饨如何味美鲜香，时间长了，常光顾的几家饭店、酒家都认识了他，见面便打招呼："陶老师来哉！"陶文瑜总讲，"末事"（指吃食）弄得好点，铜钿照付。他对美食真正是"爱我所爱"，无关其他。

有次我在青石弄与他谈事，刚好几位吴江文联小友来看他，带来了吴江香青菜、酱肉、大头菜等土特产。文瑜高兴得如同小孩般击掌而起，说你们怎么知道我欢喜这些东西的。他就是这样喜形于色，从不掩饰内心。还有一位常州的朋友，来看他时总会带些常州百叶等豆制品，文瑜直言十分中意。他的朋友、学生众多，时不时总要带些吃食给他，文瑜总要拿到杂志社食堂与人共享。他常说，美食要分享，大家一起吃才有味。

文瑜是不喜外出的人，常年"宅"在苏州城里。但为了时令美食，他每年也会约上几个朋友"远到"各处，春来他会亲自驾车去张家港寻味他最爱的刀鱼，入秋去阳澄湖美人腿岛上吃红烧老鹅、品吃阳澄湖大闸蟹，有时会到吴江吃菜饭、红烧肉、酱蹄，还要去常熟吃正宗的常熟蒸菜、蕈油面……只有这些地道美食能驱动他的脚步，回来后，他又将这些吃食经及吃后感写在文章中与读者共享。

在饭桌上，他总有一些惊人之举。有次与他在南林饭店聚餐，商议出版书籍事宜。宴席刚一开始，文瑜即筷落在那份酱肉冷盘上，"大言不隐"地说道："这盆肉味道好，我喜欢的，阿能给我打包？"主办方说，陶老师，这盆酱肉照吃，我们另为您准备一份带回家。文瑜这才满意地招呼大家开吃。

一次，文瑜的女弟子苏眉邀他到平江路试吃一家私房菜馆，他约上苏州书画家王锡麒等朋友同行，也叫上了我。那顿饭他吃得不称心，餐厅严禁抽烟，文瑜烟瘾难熬。而那些中式风格不足。西式感又不鲜明的各种菜，似乎他也并不受用。那顿饭还没吃完，他竟直接说道："这些菜东一榔头西一棒的，无啥吃头。"说完径自离座，到巷口买来一袋蟹壳黄分给我们吃，说："还是蟹壳黄有味道。"女店主及他的弟子一时难堪不已。洒脱任性如此，也只有文瑜了。

在苏州名店新聚丰，一年一度虾子宴总会按时上演，而文瑜总是不可缺席的人。虾子宴中的虾子白切肉、清炒三虾、虾子蒸白鱼等，文瑜只只欢喜。有次宴席最后时刻，新聚丰老板端上来一只特大砂锅菜，号称虾子砂锅五件子。砂锅中整鸡、整鸭、蹄髈、鸽子、火瞳沉在锅底，清澈汤上面一层枣红色虾子，鲜美无比。但聚餐已到尾声，菜是吃不动了，大家只能饱饱眼福，喝口砂锅中的汤。文瑜惜"菜"，大声说道："这只菜我要连砂锅一起放在汽车后备厢带回家，砂锅到时还！"他就是这样率性，一定要吃得顺心，吃出他所要的效果。

忆往昔我与他在席间，很多时候他会提早"撤退"，说要到医院去。我曾看到文瑜手臂下面有多处"青淤"隆起，形态吓人。他患有尿毒症，一星期得透析三次，这样病情放在任何人身上真不知要怎么熬。然而文瑜总是轻描淡写地挥挥手：我要到医院去。说起来像是去电影院一样轻松。但我知道，私下里他总是独自强忍痛苦，回到众人面前，他又笑颜常驻惹人欢愉。回想文瑜的点滴，他的笑看人生百态，他的嬉笑怒骂皆文章，历历在目，真是才情比天高，可怜命又比纸薄！

文瑜又罹患重病的消息不胫而走，得知他又得了肝癌，我担心不已，但他仍旧谈笑风生过日子。到了性命攸关的时刻，送到医院救治时仍不当回事。我到医院去探望他时，他正躺在病床上与几位来看他的朋友谈天说地，发表"演说"。见我来了说道："老恩师，我不敢惊动侬，所以没有告诉您我病了。"告别时又对我说："今后您对《苏州杂志》的美食版要继续关心下去呀！"在这样的时刻，他竟还念着心爱的工作。回家路上，我思索着文瑜最后讲的话，明白他是知道自己病情的严重性，只是不讲而已。他在病危期间所写的《再见吧朋友，再见》的诗道出了他最后的心声，感动着所有认识或不认识的读者。然而死神没有眷顾他的才情，还是把他接走了。

11 月下旬，我清楚地记得那日，我接到他最后一通电话，他嘶哑着声音断断续续对我说道："老恩师呀！我大限将至，可能只有不到十天时间了，我要托你一件事，就是我的那顿饭（丧事豆腐饭），要放在新聚丰，你要给我弄得好点，好点……"听罢此言，我悲从中来难以自制，他似乎在交代后事却又像在跟我告别。我当即安慰他说，放心吧，你所托之事我一定会给你办好，你要安心养病呀！不料他在打完这通电话后的第七天就走了。他用最后的时光，把该交办的事都一一嘱托好，才放手远行！

那晚吃"豆腐饭"，我口袋里装着那本文瑜的《随风》诗集，心中念着已走的文瑜，桌上放着他爱吃的清炒虾仁、锅塌干贝、砂锅五件子等，但我已无从下筷了……